LOW-TECH PRINT

Contemporary Hand-Made Printing

懒人印刷术：当代手工印刷

卡斯帕·威廉姆森 著

孔绿萍 译

人民美术出版社
北京

图书在版编目（CIP）数据

懒人印刷术：当代手工印刷 /（英）卡斯帕·威廉姆森著；
孔绿萍译. -- 北京：人民美术出版社, 2018.12
ISBN 978-7-102-07790-1

Ⅰ.①懒… Ⅱ.①卡… ②孔… Ⅲ.①印刷术—研究
Ⅳ.①TS805

中国版本图书馆CIP数据核字(2017)第227826号

著作权合同登记号：01-2015-4224

Original Spanish Title: Low-tech Print : Contemporary Hand-Made Printing

Text © 2013 Caspar Williamson

Translation ©20151People's Fine Arts Publishing House

This book was produced and published in 2013 by Laurence King Publishing Ltd., London. This Translation is
published by arrangement with Laurence King Publishing Ltd. for sale/distribution in The Mainland (part) of the
People's Republic of China (excluding the territories of Hong Kong SAR, Macau SAR and Taiwan Province) only and
not for export therefrom.

懒人印刷术：当代手工印刷
LǍNRÉN YÌNSHUĀSHÙ：DĀNGDÀI SHǑUGŌNG YÌNSHUĀ
编辑出版：人民美術出版社
　　　　　（北京市东城区北总布胡同32号 邮编：100735）
　　　　　http://www.renmei.com.cn
　　　　　发行部：（010）67517601
　　　　　网购部：（010）67517864
翻　　译：孔绿萍
责任编辑：薛倩琳
责任校对：马晓婷
责任印制：胡雨竹
设计制作：张芫铭
印　　刷：北京缤索印刷有限公司
经　　销：全国新华书店
版　　次：2018 年12月 第1 版 第1 次印刷
开　　本：889mm×1194mm 1/16
印　　张：14
印　　数：0001~3000
ISBN 978-7-102-07790-1
定价：118.00 元

前言

我第一次与《手工印刷》的作者产生联系，是我们在数字化的思路上发生碰撞时。卡斯帕·威廉姆森和我似乎有着相同的精神世界。我最近完成了一本书，主题与本书类似，名为《推进印刷》(Push Print)，我们俩也都以创意工作为生。我们之间的不同在于，卡斯帕出生于1984年，跟苹果公司发布麦金塔电脑是同一年，与此同时，我在大部分设计师或艺术总监着手数码设计之前，就开始了我的职业生涯。

1984年，我从俄亥俄州搬到了纽约，因为我得到了第一份来自大城市的工作。到纽约时，让我头晕目眩的不仅仅是明亮的灯火，我还记得第一次听简报的情景，还有创意总监告诉我，我们可以使用包含六种颜色的数字印刷。我从来没听说过这是什么，根本想象不到这五六种充满魔力的颜色看起来会怎么样！我们在印刷过程中感受着惊奇，也感到敬畏，还有适合于产品的精巧和大小。

就在这一年，我的哥哥基思也开启了新的探险之旅。他离开了一家印刷公司的印前部门，购买了一家小型印刷厂，它于1938年创立于俄亥俄州的小城塞勒姆。他想经营自己的地盘，去从事印刷，而不是整天闷在一间暗房里。那是他的梦想，但时机却不是特别理想，当时桌面出版正夺走越来越多的项目，这些项目都是本地印刷师的命脉。

当回到故乡的时候，我总是会去那家店看看一切进展得如何。对我来说，那里就像特里·吉利姆的梦幻乐园，带着涂料稀释液和百年木质的气味。复古的铁质钱德勒&普赖斯(Chandler&Price)凸版印刷压盘和其他新奇、危险的装置让人着迷。那种感觉就像发现了一个被火山喷发或其他灾难冻结在时光中的古老的文明。

随着时间的推移，对于那些坐落在小镇中的印刷店来说，一切都变得越来越艰难。印刷店尽着自己的责任，制造着费力的办公用品。可能的话，基思和我会在某些有趣的项目上进行合作，但生活也折磨着这个古老的地方。到了21世纪，看似关于印刷师的灭亡的可怕预言正要兑现。

不过，原来基思从来没有对发着光的印刷工作那么热衷。现代化始终不可避免地要发生，他一直暗自购买古老的印刷装置。他开始着手构建一座工作博物馆，然后把它变成了他的爱好，一点点增加着他的收藏。他甚至还买了一台海德堡大风车(Heidelberg Windmill)凸版印刷机，跟他在几年前卖出去的那台类似，他把这台机器放在以前那台机器所放的位置。幸运的是，基思并没有仅仅把这台机器买下来，他把这台巨大的机器抬起、擦亮、上油，他还花了好几年的时间来学习过去这个职业的技巧和技术。在进行了大量调查之后，我说服他相信把他个人的游乐园与其他可能从中获益的人分享可能是个不错的想法。因此，我们达成一致，他会处理掉任何看起来有点新的东西(苹果电脑除外)，并投身于专注凸版印刷的工作室。

对于充满颗粒感、触感和粗糙的真正的油墨显现在真正的纸张上这一点，永远有着某种魅力。有谁会不喜欢看到自己的作品用漂亮的专色表现出来?结果有很多人都赞成这么做，并且我们还发现自己正投身于传统印刷复兴之中。这本书会向你介绍当今最优秀的印刷从业者，并探索他们用来制造美妙的当代作品所使用的工具和技艺。你会近距离地观看这些工艺、文化以及通过各式各样的手法实现艺术印刷的充满启发性的案例。这里没有什么天花乱坠的东西，但你会看到低技术如何实现最佳的效果。

杰米·伯杰

创意合伙人，古怪印刷师（Cranky Pressman）
美国俄亥俄州塞勒姆市

本书介绍

印刷是一种对任何人开放的艺术形式，它唾手可得，同时又无限复杂，用一切可能抵抗着任何限制。

《手工印刷》是对手工印刷以及它在今天所身处的文化的探险。它是对于传统印刷方法发展的考察，以及这种发展是如何在近几年的印刷热潮中引发了蓬勃的复苏。设计师和各种各样的创意人员正在重新发现——或是第一次发现——艺术的可能性。本书记录了世界各地的印刷作品，这些作品不仅展示了最激动人心的和最具影响力的从业者所创作的动人作品，还深究了传统印刷技艺的背景和历史，以及导致印刷方式的新发展的影响因素。

全世界的艺术家、设计师和创意人员已经掌握了传统的印刷方式来适应当今的用途。这些印刷方法和机器不但让印刷机和材料得到更有效的利用，它们还在几代中保持不变。很多今天使用的机器的历史如果不是经历了两次世界大战，也至少经历了一次，它们不是从友人或亲属手中传下来，就是从他们的前辈手中恢复的，全然发挥着卓越的功能。通过继续使用传统印刷技艺和机器，他们确保着这些媒介会继续存在，让下一代得以欣赏。

但如何解释人们对印刷日益增长的兴趣和需求呢？互联网无疑是这个问题诸多答案的源头。Esty、Folksy和eBay等网站提供了一个平台，让世界各地的人们售卖和推广他们的作品，使全世界都可以看到他们通过传统技艺制造出的多样的艺术作品。只要鼠标轻轻一点，任何人都可以在非专业或专业手工艺造型中得到享受和启发。自我推广和学习从未像今天这样便捷，而以手工艺为中心的社团也从未如此开放和便于加入。并且，在工艺和材质中广泛使用的凸版印刷、活版印刷和丝网印刷也已经在世界范围内被顶尖的平面设计师和艺术家所运用。

在研究和写作这本书的12个月中，我不仅持续被所发现的美轮美奂、种类丰富的材料所吸引，也被作品背后这些人的充满启发性的故事所吸引。这些故事来自地球上的各个角落，却具有同一种思路。在这样一个过度饱和的数码时代中，这些最传统的方式让人们得以去与令人怀念的印刷的物理过程重新连接。

很多人可能会争辩说现代印刷——不论是否借助于数码科技——根本算不上是"低技术"。没有任何艺术形式能提供如此高效和快捷的结果，使印刷师能够在一天下午就制造出整本书。尽管如此，这需要花费多年的时间去试错，体会失落，手指无数次起泡，来让这些媒介臻于完美。很多经验老道的印刷技师都会告诉你，他们每天都在学习新东西，同时总是有更好的方法来达到更好的印刷效果。但这才是让人们对印刷持续着迷的原因——媒介不可预知和独一无二的特性可以创造出无限的惊喜。

随着数码印刷技术主导着设计领域，现在，数码技术已经成为印刷发展的一部分基因。计算机已经成为印刷师众所周知的另一种工具。我们可以在活版印刷领域看到这一观点的示例，这一领域已经通过计算机生成的图像和感光性树脂印版的更广泛使用，在过去十年发生了翻天覆地的变化。聚合物被一些活版印刷的追随者视为传统人工排版的陷落，却受到新一轮活版印刷工作室和爱好者的欢迎，因为它不但可以提升印刷速度，还可以让更多人享受其中。

对于我个人来说，使用低技术和印刷过程产生的触感才是我爱上这些作品的理由。每当我看到有人决定在他们的设计、市场营销或推广材料中运用印刷品时，我的脑海中就会莫名地嗡嗡作响，人们纷纷站出来，要求收获更多，不仅仅只是安于接受所谓纯粹数字印刷品的"标准"。

卡斯帕·威廉姆森
英国伦敦

丝网印刷

丝网印刷作为一种印刷方式的发展，既是多种多样的，也是兼收并蓄的。印刷热潮的蓬勃复兴以及丝网印刷近年来作为一种印刷方式的复苏，说明了人们急切地想要以全新和多样的方式表达自我的创造力。这一印刷方式极具触感并且其方法一直都在发展，使艺术家、设计师以及任何人都可以去拥抱手工的美感，也使得它变得如此受人尊敬，也变成了这种方法的同义词。这让丝网印刷领域被置于复兴而现代的语境中，创造出当下现代艺术中最精美的典范。

丝网印刷的历史

丝网印刷及其起源

直到18世纪，日本和中国才开始采用在两张坚硬的模板防水纸之间固定丝网的方法来进行印刷。纸张被粘贴在一起，让丝网暴露在外，使颜料可以透过丝网流下去。这被认为是丝网出现的标志。这个方法在19世纪得到了进一步的发展。不过，它仍然处于简单和比较基础的工艺阶段。

今天我们所知的方法

塞缪尔·西蒙(Samuel Simon)是在20世纪90年代活跃在英格兰曼切斯特的一位广告牌画家。他被广泛地认为是我们今天所熟知的丝网印刷的先锋人物。西蒙从探索一种更快捷的印研发刷招牌的需要出发，他意识到如果发明一种将丝网(silk-screen)技艺应用到日常工作的方法，就可以让他的事业发生翻天覆地的变化。他开始着手优化基础的以木框为主的印刷方法，研发出一种可以在丝网上绘画的乳剂，以便将图像或模版分割开来，然后使用硬毛刷将油墨通过压力透过丝网。这个简单的方法使西蒙可以持续地印刷图案，而不是单独将它们一个个手动印刷出来。这个崭新的方法很快就被称为"丝网印刷"，而在1907年，西蒙被授予了一项专利，专利内容就是首个丝网印刷方法。

很快，丝网印刷就开始获得了艺术领域的关注。1914年，常驻旧金山的艺术家和印刷商约翰·皮尔斯沃思(John Pilsworth)认识到这种方法的益处并开始着手试验。皮尔斯沃

斯在塞缪尔·西蒙的基础上发明的多色印刷装置获得了专利。通过将不同模版和运用一系列不同的丝网和各种色彩，他可以在出版物中制造鲜活、多彩的图像。

这一时期也见证了"印刷刮板"(squeegee)的发展，这是一种扁平、坚硬的板面，带有灵活的橡胶材质边缘，用于将印刷油墨通过压力穿透丝网。相比之前在塞缪尔·西蒙的方法中使用的硬毛刷，印刷刮板的出现使印刷变得更加高效，效果也更加统一。

20世纪30年代，在法国里昂逐步发展的平板筛网印花技艺拓展了用于纺织品印刷的丝网印刷技艺。在这种方法中，纺织品印刷师将漆涂抹在一个网面上来做模版。将这一框架放置于织物上，使用印刷刮板将膏状染料透过网面上未涂漆的区域。

丝网印刷的真丝绸面料，由弗朗索瓦·达奇内（François Ducharne）设计并制作，法国里昂，1937。

绢网印花以及从丝网到丝网印刷的发展史

"绢网印花"（serigraph）这一术语的出现是用于区分丝网中的"创造性艺术"与这一工艺在商业和复制方面的用途。作为国家绢网印花学会的创始成员，卡尔·齐格罗塞尔（Carl Zigrosser）通过将拉丁语中表示"丝质"的"seri"与希腊语中表示"绘画"的"graphein"结合在一起，创造出这个词语。今天，很多艺术家和画廊都将艺术创造类的丝网印刷作品称为绢网印花。

如今，"丝网"一词未被广泛使用，原因在于它不再能够准确地描述这一工艺。战后新型塑料的发展见证了曾用于降落伞的丝质被聚酯纤维取代，后者被证明比丝质更加可靠，造价也更加低廉，同时也更加坚韧，并能够重复使用。用它制成的合成产品也可以制作更加耐用的丝网。因此，在丝网印刷框中的丝网不再使用传统的丝或蝉翼纱制作。现今更加广泛使用的是涤纶、尼龙和聚酯纤维。

社会和政治影响

20世纪40年代，好莱坞的电影产业开始意识到这种新兴印刷方法的益处，因此不计其数的电影海报都采用了丝网印刷，并每周都悬挂在美国的各个电影院中。没过多久，其他行业也开始利用这种方法的优势。运动、音乐、戏剧和旅游公司开始招聘艺术家来创作可以采用丝网印刷制作的设计。像奥托·艾舍（Otl Aicher）为1972年慕尼黑奥运会发起的海报活动成为家常便饭。丝网印刷在今天仍旧像从前一样在政治和社会活动中颇具影响力。音乐和时尚产业都大量依靠这一媒介来制造服装、T恤衫和商品。采用丝网印刷印制的演出海报和艺术品从未如此繁荣地生发于大西洋两岸。丝网印刷的自助印刷方法在20世纪70年代全面参与朋克的全盛期，并成为这一运动背后的推动力。

奋力前进——丝网印刷的发展

安迪·沃霍尔（Andy Warhol）参与了丝网印刷中的艺术的部分，同时他还推动了这一印刷方式的普及。他在20世纪60年代的波普运动（Pop art）中将绢网印刷介绍到美国，通过这一举动，沃霍尔打开了很多同辈艺术家的眼界。艺术家，尤其是波普艺术家觉察到这一技艺具有广泛运用的潜力，还发现明亮的纯色对于表达当时的时代是再合适不过的了。美国的杰克逊·波洛克（Jackson Pollock）和罗伯特·劳森伯格

奥托·艾舍，慕尼黑奥运会海报，约1972年，丝网印刷。

（Robert Rauschenberg），英国的爱德华多·保罗齐（Eduardo Paolozzi）和乔·蒂尔松（Joe Tilson）使这一印刷方法变得更为人熟知。沃霍尔尤其以用华丽的彩色丝网印刷表现当时的文化偶像的肖像而知名，这些肖像包括埃维斯·普里斯利、玛丽莲·梦露和拳王阿里。

如今，丝网印刷已经成为一种非常成熟的印刷方法。随着工业应用的发展，真空印版台和曝光组件等更好的机械装置一直在推陈出新，使得制作更为精细和专业的印刷品成为可能。更重要的是，品质更佳和更淡的油墨，连同无毒的水墨颠覆了这一媒介，使得印刷过程可以更长，也打造出更为安全的工作环境。

丝网印刷和今天的艺术世界

为了迎合近几年丝网印刷日益升温的现状，很多艺术家的工作室，比如位于纽约的下东区印刷所（Lower East Side Printshop）和英国的伦敦印刷俱乐部（Print Club London），目前开始允许公众来使用店内的装置，作为名义上的会员费。世界各地的画廊和艺术博览会都意识到了丝网印刷作品的需求，因此每年都涌现出新的以丝网印刷为主题的活动。

安迪·沃霍尔，《拳王阿里》作品第182号，约1978年，丝网印刷。

工艺流程简述

丝网印刷可以采取很多不同的方式来实现。从传统上来说，印刷师会直接用感光乳剂（Photo Emulsion）或"印版"在丝网上画出图案，并等待其变硬——仅仅留下图案以外的空间来使油墨通过。手工切割的图案的整体性和其他用于形成丝网印版的图层，进一步使具有诸多细节的工艺品能够被制造出来。很多顶尖的印刷师仍然喜欢使用手工切割的方法。不过，当今最常见和最多样的方法是用感光乳剂和电脑生成艺术作品。这种方法能够制作出精细的线条、微小精致的字体，以及逼真的图像。

1
材料和工具

丝网印刷所需的关键器具：

—丝网
—刮板
—刮胶斗
—照相乳剂
—防水胶带
—遮蔽胶带
—搅拌棒/调色刀
—油墨和印刷纸
—印版去除剂

2
覆盖丝网

首先，必须用刮胶斗在丝网上覆盖一层具有光敏性的照相乳剂。这个步骤要从下往上进行。在这一过程中，丝网被稳固、连续的动作覆盖，从而涂上一层光滑、轻薄的感光乳剂。在丝网的另一面重复这一过程，可以用一张卡片或一块塑料板去除多余的乳剂。由于乳剂具有光敏性，丝网要放在暗房或没有紫外线的区域中晾干。

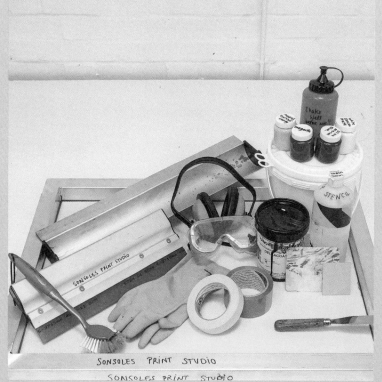

3
准备艺术作品
和"正片"

图像在丝网上曝光之前，你需要准备一个设计图案，同时要创造出一

光过程中产生了孔眼或张开的区域。丝网被放置在灯箱上，丝网的填充物用来堵上这些区域，这样在印刷时就不会有油墨通过了。最后，丝网的四个角都被防水胶带遮蔽，确保不会有墨从网框中滴漏，这样丝网就可以用于印刷了。

个"正片"（positive）。

"正片"是指在不透明或半透明的表面上形成不透光的图像（通常为黑色）。可以使用透明胶片、投影胶片、乙酸酯或描图纸。打印出的每一层都必须是不透明的图层。

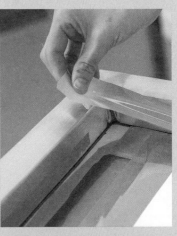

4

曝光、冲刷和填充

大多数开放的工作室都配备了曝光台，其中带有真空装置，在曝光过程中可以向下吸住丝网，使其保持平整。

用透明胶带将正片固定在丝网上，确保它们不会移动。然后，这些图像会通过紫外线曝光。

丝网曝光后，它必须在冲刷区域被冲刷或"击打"。你可以用有很强冲击力的喷头或更理想的是用高压水管来冲洗丝网的两面，并让水在整个图像上流动。在被曝光的不透明的正片部分，图像开始脱落。这一过程会一直持续，直到整个图像区域的感光乳剂被冲洗为止。在丝网干燥后，你需要检查是否在曝

5
印刷

很多预先混合的油墨可供丝网印刷来使用。印刷纸张用的墨通常是水基的或者水溶性墨，在购买时可以是预先混合的或没有预先调制的。这些没有预先混合的墨是丙烯颜料，在印刷前必须与丝网印刷溶剂混合。这些溶剂起到缓凝剂的作用，可以确保丙烯颜料不会在丝网上干燥并阻塞图像。

现今制造出的大部分印刷品是在真空台上实现的，这个装置用于在印刷过程中通过细小的孔眼吸走空气，来确保纸张的平整。丝网被固定在真空台的网框中，网框的四角被螺丝钉固定，确保丝网不会在印刷过程中移动。

真空台的每个边缘都做上了记号，来标明纸张的套准位置，同时长方形的卡纸被切割成适合的大小来表示引导标记。这些处理可以确保图像被印制在每张纸的相同区域。如果在印刷中需要使用多种颜色，引导标记对于印刷的精确区域是至关重要的。这些套准标记被粘贴在适当的位置，而网框则被放置到印刷位置。

新闻纸或表面平整的废旧印刷品用来检查图像是否被清晰地印制。测

试用的纸张放在相应的位置，同时丝网被放置到适合的印刷位置。之后，印刷师会舀取足够的油墨，放在离他最近的丝网的底端。

轻轻抬起丝网，这样就可以不接触台面或纸张，然后印刷师会用刮板将墨均匀而平整地涂抹在丝网上。

在丝网处于印刷位置之后，印刷师会用双手用力挤压墨，同时刮板保持45°角。

之后，丝网会被抬起，墨又一次涌回来，确保丝网不会干燥。在印刷

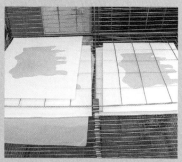

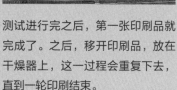

测试进行完之后，第一张印刷品就完成了。之后，移开印刷品，放在干燥器上，这一过程会重复下去，直到一轮印刷结束。

如果需要印制多种色彩，就必须认真对待第二种颜色。为了达到这一

6
清洁

所有水溶性墨都可以用水清理。为了去除丝网上的感光乳剂，印刷师会使用一种"印版去除剂"（stencil strip）的溶液。当丝网上的墨被洗去，同时它还保持在潮湿状态时，必须在整个丝网上面涂抹大量的印版去除剂，前后两面都要涂。这一过程通常会用到刷子或海绵，用它们将印版去除剂涂抹在感光乳剂和整个丝网上。分解感光乳剂需要几分钟的时间。在这之后，用高压水管冲洗掉所有的感光乳剂，直到丝网完全清洁为止。

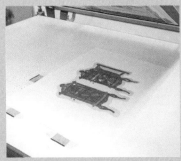

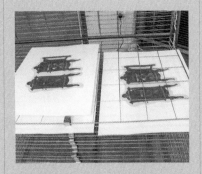

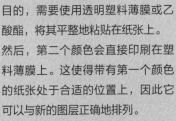

目的，需要使用透明塑料薄膜或乙酸酯，将其平整地粘贴在纸张上。然后，第二个颜色会直接印刷在塑料薄膜上。这使得带有第一个颜色的纸张处于合适的位置上，因此它可以与新的图层正确地排列。

在印刷师确认套准位置后，可以将引导标记固定好，从而开始新一轮的印刷过程。每种不同的颜色都按照这一过程重复，直到最终的图像完成为止。

Le Dernier Cri

法国马赛

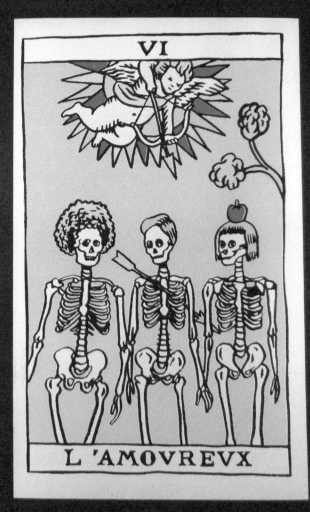

《战神塔罗牌》（Tarot de Mars）：套装塔罗牌，包含21张卡片，插图由昆汀·弗公佩（Quentin Faucompré）完成。卡片采用7种色彩印制，外盒则包含4种色彩，采用尤尼柯（Unico）水基油墨。外盒由模切的平板纸制作，手工折叠拼装。限量200套。

Le Dernier Cri由帕奇托·博里诺（Pakito Bolino）和卡洛琳·舒里（Caroline Sury）在20世纪90年代早期成立于巴黎的一件工作室/空房中。1996年，工作室搬到了马赛，在那里它找到了自主权。自从工作室成立以来，那里诞生了三百多本丝网印刷的书籍。在将近二十年的时间里，它已经成为全世界另类艺术的汇聚地。

是什么让你从事出版的？能跟我们说说在成立"Le Dernier Cri"之前，你都做了什么吗？
建立"Le Dernier Cri"之前，我一直为唱片封面绘制图案。我毕业于一所艺术学院，它教会我不要按照他们的意图来做事。我本身是一名作家，因为没有合适的出版商，所以我决定建立"Le Dernier Cri"。

你的专长是制作丝网印刷出版物。是什么让你决定全部用手工来完成一个项目？
我们大体上使用的是丝网，不过有时也会运用胶版印刷。丝网印刷让我们可以制作少量由优秀艺术家创作的图案，它们都很容易检查。

那你如何选择去制作谁的作品呢？你会去寻找有才华的作者，或者人们会来找你吗？
艺术家会提交一个项目，在某些情况下，我们会将其转化为适合丝网印刷的形式，然后制作出来。其他情况下，艺术家会来到我们的工作室，然后直接在曝光过程中使用的透明胶片上绘制设计或色彩。

出版是一项成本不低的生意。你是怎样在制作成本与忠于你想要制作出的视觉美感之间取得平衡的？
相比作品的产出量，我们的工资都很低。自己动手的意思是亲力亲为，而且也不会变得富有。

帕奇托·博里诺
Le Dernier Cri

15

《妖怪》（Yokaï）：一本32页的画册，作者为法国艺术家赛琳娜·吉夏尔（Céline Guichard），采用14色印刷。印数为200册。

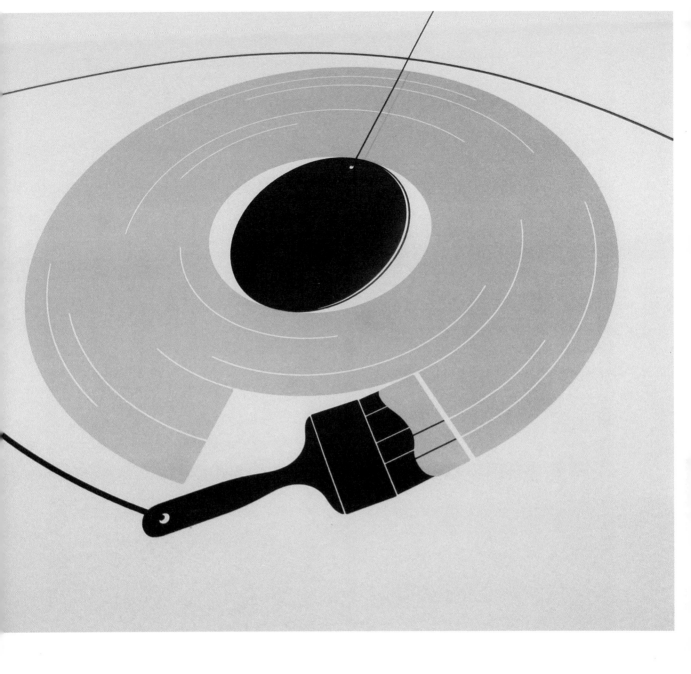

Jason Munn

杰森·芒恩，美国加利福尼亚州奥克兰市

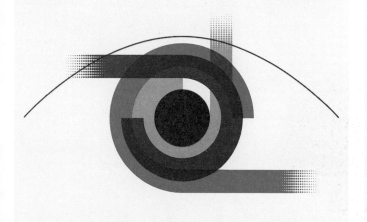

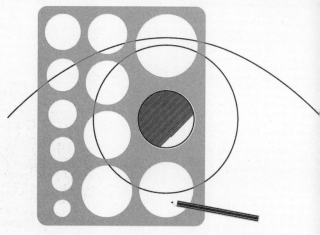

　　杰森·芒恩是当今从事海报制作的从业者中最受尊敬和多产的艺术家之一。他从十年前就以"小赌注"（The Small Stakes）的笔名开始为当地的场馆和独立音乐人制作海报。现在，他以自己的本名工作，继续专注于海报制作，也承接设计和插图制作的委托。

你是怎样涉足用丝网印刷制作演出海报的工作的？
我的几个朋友之前在加州伯克利市的一个小场地举行的名叫"斜坡"（The Ramp）的演出中出演。他们让我制作一些海报来宣传。我事前制作了几张海报，没想到就开始定期制作了。

你会说你的客户群由于你参与了过去十年的手工演出海报热潮而扩大到音乐行业之外了吗？

是的，大部分我受雇制作的作品，都是由于客户之前曾经看过我的海报。现在，我的很多作品都不与音乐相关，但大部分还是与海报相关。

你一直是FLATSTOCK（见第58页）等丝网印刷活动的常驻艺术家。你参加宣传和鼓励这种媒介的发展的活动，主要的收获是什么？
FLATSTOCK过去和现在对我来说都非常重要。我一直参加大部分的展示活动，并且在早期这肯定是让大家看到我的作品的一个途径。同时，更加重要的是，在其他从事相同技艺的人身上学习东西。

你的很多设计都可以很好地转化为数码印刷。是什么让你总是回到丝网印刷中，把它当做制作媒介？

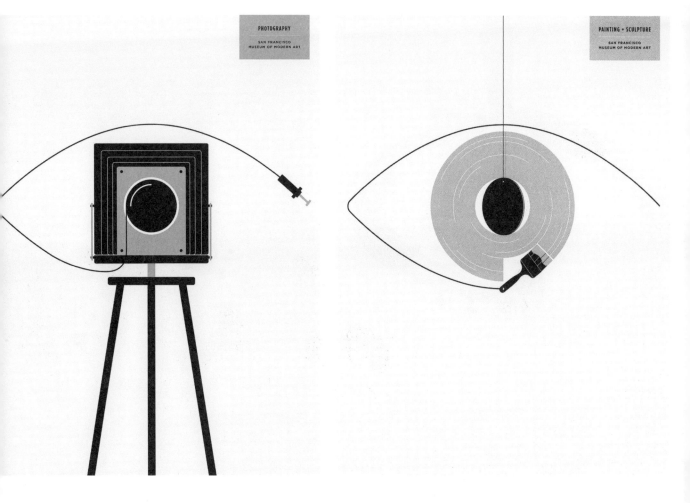

丝网印刷对于制作少量的作品来说是划算的，这点很重要，不过更重要的是，丝网印刷对我来说非常有吸引力。知道我会一次用一种色彩来生产和制作设计图案，在设计过程中印证了我的选择。我很喜欢在那些固定的限制下工作。

你最近把之前的笔名"小赌注"改换成了自己的本名。这个行为预示了你的人生即将展开新篇章吗？
这更多地反映了我想要保持简单的愿望。

杰森·芒恩

在他的海报被选中成为旧金山现代艺术博物馆（San Francisco Museum of Modern Art）和丹佛艺术博物馆（Denver Art Museum）的永久馆藏之后，芒恩受托创作的用于"旧金山现代艺术博物馆艺术家系列"的四幅图像（见上图）。这些图像起初是以海报的形式出现的，但后来被用于一系列的产品上，例如T恤衫、手提袋、袖珍版草图本和马克杯。"在展示了早期的一支画笔绘制一只蓝色眼睛的草图后，博物馆强化了这一概念，要求拓展这个创意并为博物馆每一个类别的藏品创作了不同的眼睛形象"，芒恩说。这些图像是通过运用每个类别具有代表性的元素来创作的：红绿蓝三原色用于表现传媒艺术，模板和铅笔用于表现建筑与设计，照相机用于表现摄影，一个动态物体和画笔则用于表现绘画和雕塑。

Nobrow Press

英国伦敦

　　Nobrow Press是由山姆·亚瑟(Sam Arthur)和亚历克斯·斯皮罗(Alex Spiro)于2008年创立的。这间工作室与世界各地的才华横溢的插画师和平面艺术家合作,制作书籍、印刷品和其他精致而具有收藏价值的物品,同时,"没眉毛小型印刷"(Nobrow Small Press)负责制作限量版的丝网印刷品。

　　在此展示的项目名为"长腿人"(Leggy Stunnerz),该项目是由当代艺术家乔克·穆尼(Jock Mooney)和动画师兼制片人阿拉斯代尔·布若斯顿(Alasdair Brotherston)合作完成的。这一项目旨在制作出一种具有触感的物品,最大化地表现穆尼和布若

斯顿的绘画中嘉年华般的感觉。制作这个项目最大的挑战在于创造出将丝网印刷运用到极致的作品。

　　这种连续的形式使人物在观者面前一一展开,整体长度达到约104cm。印刷师费尽力气将一层白色用丝网印刷印制在280gsm的茶色丽芙版画纸(Rives BFK Paper)上,这层白色的底纹被印制在整个艺术作品中。这不仅使白色在纸色中脱颖而出,还赋予了作品光滑的基底,为跳动的橙色和粉色增添了光彩。这本书是向下折叠的,并用一条粉红色的尼龙护带固定,限量50本并附有签名,并以"Nobrow Small Press"的印章编号和装饰。

55 Hi's

美国宾夕法尼亚州海里斯堡市

55 Hi's的创立者罗丝·穆迪(Ross Moody)在2011年10月开始参与设计首版《"&"号大全》(Ampersand Collection)。邀请九位设计师创作个性化的"&"符号。唯一的限制就是尺寸必须是22.9cm×22.9cm,并且只能使用两种颜色。设计师可以从法国纸业公司(French Paper Co.)选择自己喜欢的纸张。书中的所有图案都是使用单色液压印刷机手工印制的。设计图案印制在31.8cm×48.3cm大小的纸张上,然后进行剪裁,完成200套限量版。

Jamie Winder

杰米·温德尔，英国伦敦

    设计师杰米·温德尔为2011年在伦敦举行的"艺术奇想"展览（"Artcrank" exhibition）设计了这张海报。这个展览展出了以自行车为灵感的海报艺术品，旨在改变人们看待自行车的方式以及对自行车的想法，同时支持自行车团体。展览还向人们介绍了颇具才华的当地艺术家，让大家带着价格适中的原创艺术回家。

    温尔德的海报《骨架》（Bones）的构图由很多令人悲伤的损坏的自行车"骨架"组成。其中一些元素是从自行车上"盗取"的，被链条固定以及悬挂在海报画面中，这些防护装置和自行车散布在伦敦的各个角落。他设计并印刷了这张包含五种颜色的海报，充分利用了巧妙的套印来营造出更多的色调。这张海报共印制了25张。

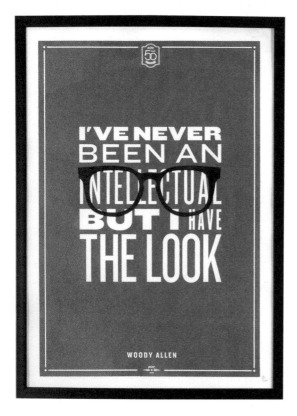

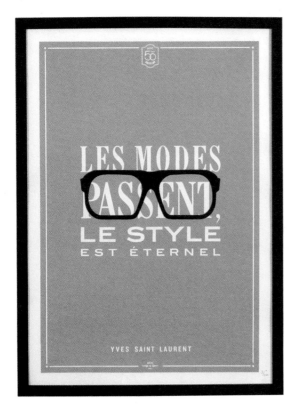

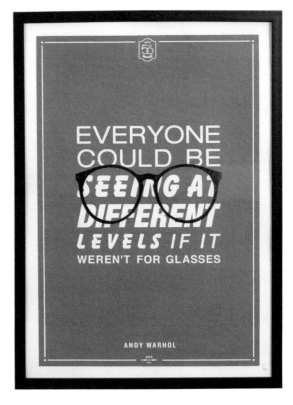

Whitespace

中国香港

Whitespace是一家设计咨询公司，通过各种各样的平台提供创意走向、品牌策划和互动服务。创立者丹尼尔·赫斯尔特（Danielle Huthart）在纽约旅居十年之后回到了香港，并于2005年建立了Whitespace。目前的团队包含八位规划师、设计师和开发师，他们意识到要将对现代的敏感性与强有力的创意结合在一起，使Whitespace成为亚洲顶尖的创意公司之一。

在此展示的丝网印刷作品是为了纪念香港眼镜公司AOC1961成立15周年而制作的。为了使2011年成为难忘的一年，AOC1961公司的马丁·梁（Martin Leung）也加入了Whitespace的团队，在这些有远见

的人的创意基础上，发布了一个名为"我戴，故我在"的项目。这一海报系列由珍妮特·赖（Janet Lai）设计，展示了四位来自电影、音乐、时尚和设计领域的偶像。Whitespace选择了伍迪·艾伦、约翰·列侬、伊夫·圣·罗兰和安迪·沃霍尔。

"我们俩一致同意想让这些海报具有收藏价值的想法，这就意味着我们必须用手工来完成。"丹尼尔·赫斯尔特解释道。这些海报与复古眼镜一样颇具价值和原创性，它们通过手工丝网印刷诞生，限量400张，每张的尺寸为43.2cm×60cm。

Crispin Finn

克里斯潘·芬恩，英国伦敦

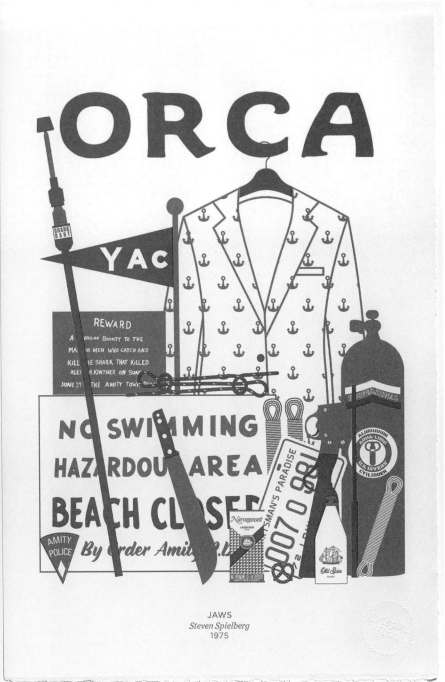

JAWS
Steven Spielberg
1975

BREAKFAST AT TIFFANY'S
Blake Edwards
1961

ANNIE HALL
Woody Allen
1977

克里斯潘·芬恩，即安娜·费达尔戈（Anna Fidalgo）和罗杰·凯丽（Roger Kelly），是常驻伦敦的双人组合，用红色、白色和蓝色创作设计、插图和小物品。

克里斯潘·芬恩目前正在进行的主题之一是探索当日常物品摆放在一起时，如何创作它们之间的对话。带着这一思路，上方展示的电影海报（针对《大白鲨》《蒂凡尼的早餐》和《安妮·霍尔》）的目标是试图将每部电影中的关键物品聚集到一起，探寻一种独特、另类的阅读和叙述方式。每一张海报搭配了一张卡片，上面详细描述了电影里每件物品出现的时刻。这些海报是开放版本，每批印

刷限量的60至70张，手工印刷在315gsm的海尔特兹无木质纸张（Heritage Wood Free paper）上。

"了解你的调味品"（Know Your Condiments）系列毛巾（见左页），是应贝尔热拉克的一个简报要求，为一个以汉堡为主题的印刷品和小物品的展览所做的设计。克里斯潘·芬恩减少了对于调味瓶和标签的特殊形状的运用，将其表现为标志性的图像，这使得最后的设计主要展现了一个识别性图表，而答案则小心地展现在设计的周围，使其看起来像一个简单的识别游戏。

Mike McQuade

迈克·麦奎德，美国伊利诺伊州芝加哥市

"区号项目"是常驻芝加哥的设计师迈克·麦奎德正在进行的项目,旨在将美国所有的区号分门别类。在第二次世界大战结束后,美国电话号码上添加了区号,以便加强长途电话服务。大城市的区号分部在电话机的下方,比如212或310,可以实现更快速和便捷的拨号,而美国乡村的区号分部在电话机的上方。

从他出生的伊利诺伊州开始,直到纽约州、宾夕法尼亚州、加利福尼亚州、密歇根州、俄亥俄州和德克萨斯州,麦奎德通过区号项目的网站让更多人写下并分享他们所在地区的区号。"区号就好比现代世界的古老系统。

我会询问洛杉矶的某个人,310和818有什么不同。也会问曼哈顿区的人为什么他想要212作为区号。我也会让皮奥瑞亚的某个人跟我说说关于309的感受,在表达对自己所在地区的自豪感时,有一种力量会油然而生。"麦奎德解释道。

专门的区号海报通过网站出售,随之出售的还有丝网印刷的帆布智能手机套(顶部)和旗帜(上方),以及其他艺术品。手工印制的单色绢网印刷品(见左页)的大小为45.7cm×61cm,印制在法国纸业公司的100g黑色封面纸上。

The Heads
of State

美国宾夕法尼亚州费城

 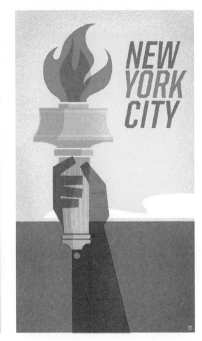 

旅行系列（Travel Series）：由达斯汀·萨默斯和詹森·科尼维奇负责艺术创意及设计，达斯汀·萨默斯负责插图。

　　詹森·科尼维奇(Jason Kernevich)和达斯汀·萨默斯(Dustin Summers)在2002年开始合作，为费城的独立音乐演出制作丝网印刷海报。他们现在以"The Heads of State"的名义，提供全方位的设计和插画服务。两位设计师从美国的各个角落选取标志性的元素，开始制作一系列以复古风格为灵感的旅行海报，其中也加入了独特的现代元素。这些海报宣传的地点包括迈阿密海滨、纽约的自由女神像和华盛顿特区的华盛顿纪念碑。

　　由于要同时印制八张海报，如何进行制作就成了主要的问题。这些海报必须要呈现出令人熟悉并温暖的感觉，同时又要别具特色和干净利落。"我们选择了丝网印刷。我们将这些海报调整到最简洁的形式，并让画面具有层次感，用这种方式达到各个色彩的最大表现力。"科尼维奇解释道。

　　为芝加哥、华盛顿特区、迈阿密、纽约、费城、凤凰城、西雅图和旧金山制作的海报都是开放版，丝网印刷海报的尺寸为35.6cm×61cm，采用档案专用墨印刷的超大尺寸为61cm×106.7cm。两种尺寸的印制都在工作室内完成，都用了190gsm的100%棉质水彩纸。

Sonnenzimmer
and Hometapes
present

Nick Butcher   Jason Stein
Keefe Jackson   Jason Adasiewicz
Jason Roebke   Tim Daisy
Mike Reed

Free Jazz Bitmaps

Vol. 1

A process-based publication featuring original music by Nick Butcher paired with solo improvised interpretations by Keefe Jackson, Jason Roebke, Mike Reed, Jason Stein, Jason Adasiewicz, and Tim Daisy. Improvisations recorded by Mark Greenberg at Mayfair Recordings. LP mastered by Giuseppe Ielasi. Poster (c) 2011 Sonnenzimmer.

Sonnenzimmer

美国伊利诺伊州芝加哥市

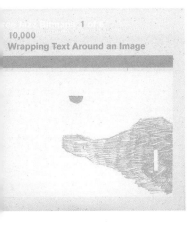

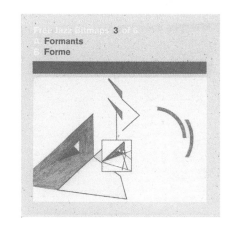

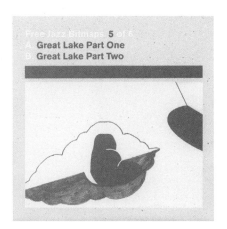

自由爵士位图第一辑（Free Jazz Bitmaps Vol. 1）：Hometapes and Sonnenzimmer联合发布，艺术设计Sonnenzimmer。

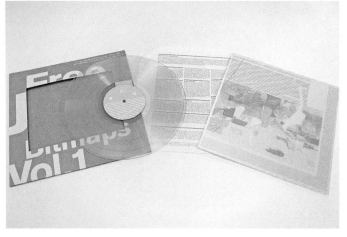

Sonnenzimmer是一间位于芝加哥的艺术与丝网印刷工作室，由纳迪娜·纳卡尼什（Nadine Nakanishi）和尼克·布彻（Nick Butcher）经营。这间工作室起初是一间对外开放的画室，其中配备了丝网印刷设备，但很快就转变为芝加哥最著名的文化机构和以手工制作海报和设计作品的设计印刷工作室。

尼克·布彻在"自由爵士位图第一辑"中收集了原创电子音乐，由芝加哥爵士乐手詹森·阿德西维奇、蒂姆·黛西、基夫·杰克逊、迈克·里德、詹森·罗布克和詹森·施泰因重新演绎。这张唱片被包装在模切丝网印刷纸板封套中，同样采用丝网印刷，是根据机床切割的七英寸系列的图案而构思的。"我们只能透过切口看到一部分图案，同时模切的封套使唱片名称看起来不太清楚，我们的设计意图是尽可能地将视觉表现和抽象的概念分隔开来，这也是自由爵士乐中常见的特点。"布彻解释说。抽掉图案后，就能看到排版清晰的防尘封套，上面有七位音乐家分别写下的文字。而去掉硬纸板封套上的防尘封套后，更多的文字就显现出来了。

Stefan Hoffman

斯蒂芬·霍夫曼，荷兰鹿特丹市

"全新2"项目（Brand New 2），为多伦多的加拿大现代艺术馆而创作。这一设计中采用了艺术馆的商标和标志。

斯蒂芬·霍夫曼将自己采用的印刷方式称为"垂直丝网印刷"，他用工作地点周边现有的平面材料（标志、商标、广告）来制作特定地点的项目。

在荷兰的视觉艺术由于紧缩的预算遭受沉重打击的情况下，霍夫曼希望找到一种方式来化解这种情况。

通过采用火警标志和在中心入口处找到的一个标志（左页），他为乌特勒支的视觉艺术中心（Centre for Visual Arts）创作了一个新的平面设计。这一设计采用两色印刷，呈现在中心的窗户上，图案上面还加护了一层玻璃。

Les Tontons Racleurs

比利时布鲁塞尔

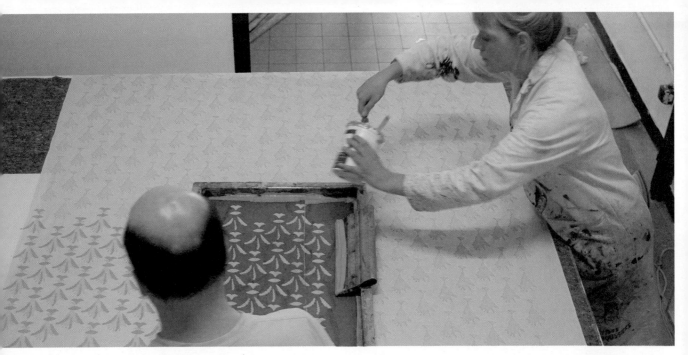

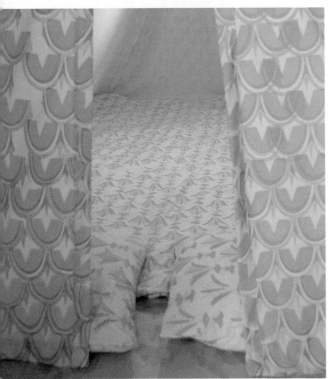

乡村生活（La vie rustique）：由 Les Tontons Racleurs 和乡村酒店的莫德·达尔曼尼（Maud Dallemagne）、皮埃尔-菲利普·迪莎莱特（Pierre-Phillipe Duchâtelet）、尼古拉·贝拉温（Nicolas Belayew）、安妮·布鲁格尼和麦克劳德·吉克缪斯搭建。于2011年在比利时布鲁塞尔的再生艺术中心创作并印刷。

在常驻位于布鲁塞尔的再生艺术中心（Recyclart Art Centre）期间，丝网印刷团体"Les Tontons Racleurs"邀请了"乡村酒店"（Hôtel Rustique）艺术组织来与他们合作。Les Tontons Racleurs先是用在布鲁塞尔附近回收的木材制作了一个小屋。然后，小木屋里的所有物件都是采用丝网印刷制作的：壁纸、木地板、搭帐篷的布料，甚至还包括帐篷里面的床单。这个创意旨在建造一处舒适的躲藏处，人们可以在这里休息，免受城市的噪音和焦虑的影响。

"乡村酒店"的安妮·布鲁格尼（Anne Brugni）和麦克劳德·吉克缪斯（McCloud Zicmuse）设计了图案。所有的设计元素都是用水基油墨印制的。

Tind

希腊雅典

马诺利斯·安吉拉基斯(Manolis Angelakis),又被称为"Tind",他生活和工作在希腊雅典。他是第二代丝网印刷师,他通过小时候做父亲的学徒,学习了相关的技艺。他们目前共用一间工作室,并互相学习这个行业中的不同方面。

Tind 使用了过剩的材料和新旧方法来创作印刷制品,正如在此展示的那样:《所见即所得》(What You See Is What You Get, 左页)和《火箭》(Die Rakete, 上方)。两件作品的皆为50cm×70cm,印刷师使用能在黑暗中发光的磷光油墨,以及UV荧光墨将图案印制在不同的纸张上,并使用经过加工的胶水,使得金色、闪粉和其他媒材可以在印刷后固着在画面上。

INSTAMATIC 233
CAMERA
Kodak
MADE IN ENGLAND

KODAK
REOMAR

Kenneth Grange
Making Britain Modern

20 July–30 October 2011
Design Museum

Inter-City 125

W43003   Guard

Kenneth Grange
Making Britain Modern

20 July–30 October 2011
Design Museum

Tom Rowe

汤姆·罗维，英国伦敦

　　伦敦设计博物馆(London Design Museum)委托汤姆·罗维设计了一系列丝网印刷海报,以宣传和庆祝多产的设计师肯尼斯·格兰奇(Kenneth Grange)设计的作品(左页)。这个项目以筛选格兰奇成百上千的设计并制作出一个清单着手。罗维将这个清单上的设计以极为精细的方式体现出来,然后为丝网印刷的印制进行准备和润色。所有的印刷品都是使用油基油墨覆盖在丙烯酸油墨上完成的,以达到更加明快的效果。印刷是由伦敦的 Bob Eight Pop 工作室完成。

　　通过《数字的力量》(Power in Numbers, 上图),罗维展示了一系列老式计算器,意在制作出能够单独售卖或是作为一整张大海报出售的印刷品。在研究了老式计算器的外观后,他决定采用五种颜色来印刷,其中一种显示出透明的高光泽度,使按钮和屏幕更加熠熠发光。大尺寸海报为102cm×72cm大小,签名版,共50张。

Landland

美国明尼苏达州明尼阿波利斯市

AP 1/10   "84535 (this town ain't big enough for the any of us)"   [signature]

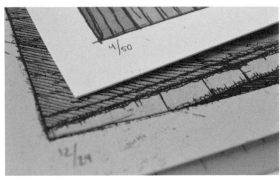 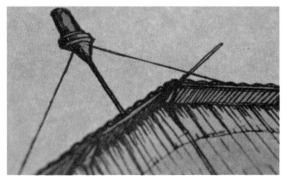

    在此展示的两个印刷品,84535(没有马头,没有交通信号灯)和84535(这座城市对我们来说都不够大),是由"Landland"的丹·布莱克(Dan Black)和杰西卡·西曼斯(Jessica Seamans)为在加利福尼亚威尼斯的1988画廊(Gallery 1988)举行的"魔鬼城"展览绘制和设计的。该展策展人是插画师、海报设计师丹尼尔·当热(Daniel Danger)。

    布莱克从铅笔画开始着手设计。构图几乎是在设计师精疲力尽之前意外地组合在一起,上面有诸多擦掉的痕迹和重新绘制的图案。这些在最终的分色完成和打印出来以待曝光时,展现在带有颗粒感的黑色图层上面,这是布莱克的主要风格特征。明暗和色调是通过各种大小的印刷网点实现的,与照片在报纸和杂志中复制的手法一样。两件作品采用了五种颜色(蓝绿色、品红色、黄色、黑色和透明的金属银)印刷,采用的纸张是法国纸业公司的100lb封面纸。两件印刷品的尺寸为45.7cm×61cm,上面附有签名,同时不同版本都带有编号。

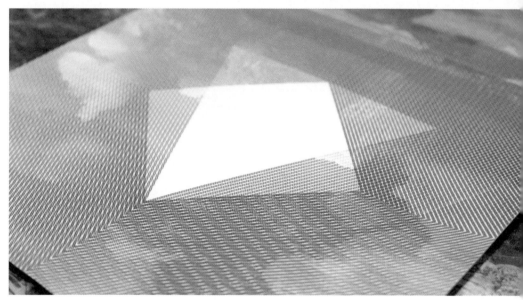

Atelier Deux-Mille

法国图卢兹

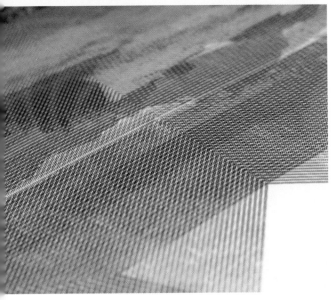

（左页及左上图）"享受混乱"系列1、2和3（Enjoy Chaos 1,2 and 3）：两色丝网印刷，30cm×45cm。

（右上图）享受混乱4（Enjoy Chaos 4：）：三色丝网印刷，30cm×45cm。

所有作品皆出自 Atelier Deux-Mille 的尼古拉斯·德尔佩什。

　　这个由 Atelier Deux-Mille 自主发起的项目名为"享受混乱"，采用了减色系统（青色、品红、黄色）和重叠的透明色制造出"几何混乱"的效果。"这个框架游戏通过在留尼旺岛的'图片纪念品'中抽去网线展现出来。这个系列用减法处理了多重具有异国风情的忧郁。"工作室的尼古拉斯·德尔佩什（Nicolas Delpech）说道。

了不起（Kick Ass）：插图小约翰·莱米特（John Remeter Junior），创意指导保罗·威洛比（Paul Willoughby）。采用荧光墨印制，局部上光，纸张采用GF史密斯的色卡纸（GF Smith Colorplan），限量版。

头号公敌（Mesrine）：插图及艺术指导保罗·威洛比。纸张采用胶版印刷纸（Paperback Cyclus Offset paper），局部上光。限量版。

The Church of London

英国伦敦

伦敦创意机构"The Church of London"出版了一个双月发行的独立电影杂志《小小的白色谎言》（Little White Lies），其中包含了前卫的文章、插画和摄影作品，旨在深入剖析电影产业。每期杂志都讲一部新电影当作其视觉美学的主题。"The Church of London"也会委托一位插画师来为电影的主角创作一幅肖像画。

这些惊人的艺术作品通过被复制成实体的限量版印刷品，被进一步欣赏。每一期运用的材料和最终呈现的结果都各不相同，它们都采用独特的元素，比如局部上光以及在黑暗中能够发光的荧光墨。

（左上）2011年拱廊之火全美
巡演海报，4张中的第二张。

（右上）2011年6月30日拱廊
之火海德公园演出海报。

（左下）2010年拱廊之火欧洲
巡演海报。

（右下）2010拱廊之火西班
牙巡演海报。

Burlesque of North America

美国明尼苏达州明尼阿波利斯市

韦斯·温希普（Wes Winship）与"Burlesque of North America"的团队共同设计创作了27幅海报，这些是为加拿大乐队"拱廊之火"（Arcade Fire）宣传其荣获格莱美奖的专辑《郊外》（The Suburbs）所进行的为期15个月的演出而设计的。在此展示的一套四张海报采用了斯派克·琼斯（Spike Jonze）执导的短片中的元素，

这部电影是在乐队巡回演出期间制作的。温希普拿到了琼斯短片中的大量黑白图像，用于随心创作。其结果是一幅超现实风格的拼贴画，其中既有他人提供的影像，又有自主呈现的画面。这些海报的尺寸为48.3cm×61cm，采用了CMYK四色印刷，每张海报出售50张。

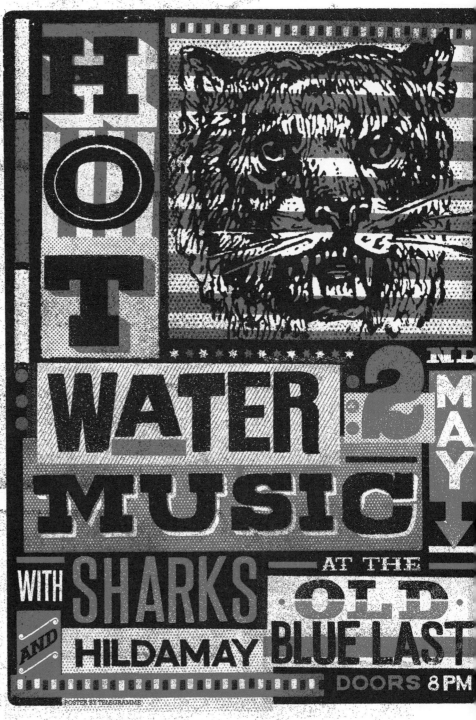

"热水音乐"乐队海报（
（Hot Water Music band
poster））：采用两色手
工印刷，纸张为280gsm的
Metaphor乳色纸，尺寸为A2大
小，印数为70。

Telegramme Studio

英国伦敦

Telegramme工作室的主人是鲍比·伊凡斯 (Bobby Evans)，工作室不断与其他艺术家合作，作品灵感来自音乐、人、独特的创意和美妙的物品。伊凡斯的能量都注入了插图、设计和艺术指导中，他与大量客户合作，包括生活用品商店哈比塔特以及兰登书屋出版社，同时也为不同品牌和唱片设计作品。

《东伦敦图片指南》（上图）是Telegramme工作室和本地城市指南专家赫布莱斯特公司(Herb Lester Associates)的一个合作项目。伦敦东区四十多个最具吸引力的商店以传统伦敦标志的风格呈现。这些海报采用三色手工丝网印刷，尺寸为A2(59.4cm×42cm)，纸张采用了280gsm的Metaphor乳色纸，共印制了250张，每张上面都带有编号并附有签名。

国家，哥伦比亚（The National, Columbia）：设计和插图：丹·库肯和内森·高曼。四色印刷，80lb法国纸业公司 斑点砂纸（Speckletone Sand Paper），61cm×45.7 cm。

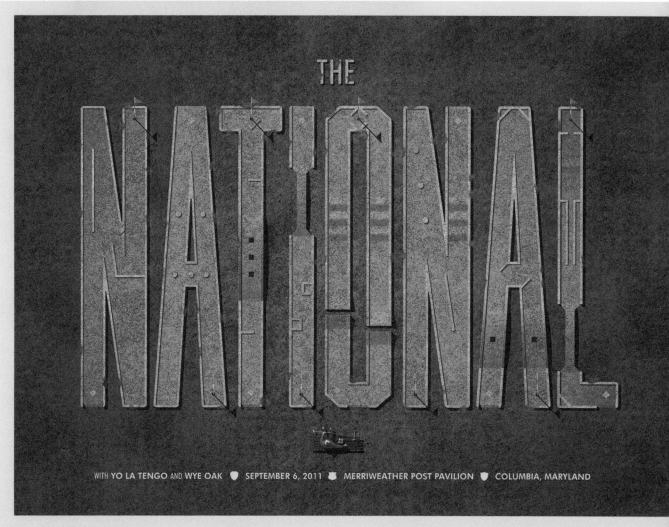

DKNG

美国加利福尼亚州圣塔莫尼卡市

27俱乐部（27 Club）：由丹·库肯（Dan Kuhlken）和内森·高曼（Nathan Goldman）设计、绘画及制作。采用四色丝网印刷，每张尺寸为11.8cm×13.7cm。印数为200。海报被装进珠宝盒出售，此包装也可以当作相框来使用。

Doe Eyed

美国内布拉斯加州林肯市

（左页）英雄与反派高清版（Heroes and Villains HD）：插图及艺术指导艾瑞克·奈福乐（Eric Nyffeler），印刷InkTank.com。

（上方）加斯·马伦基的黑暗之地（Garth Marenghi's DARKPLACE）：插图、艺术指导及文案艾瑞克·奈福乐，印刷ScreenInk.com。采用CMYK三色丝网印刷，纸张采用法国纸业公司的白色厚纸，印数为50张。

　　Doe Eyed首次发布"英雄与反派"的设计时，将两个较小的图案结合在了一起，每个都着重表现不同的电子游戏主角或反派。对于"英雄与反派高清版"（左页）来说，Doe Eyed将所有这些任务都汇集起来，又添加了一些新的人物，并采用了远远大于之前版本的尺寸45.7cm×61cm。这个设计采用CMYK四色印刷，纸张采用法国纸业公司的白色厚特种纸，印数为150张。

Two Arms Inc.

美国纽约布鲁克林

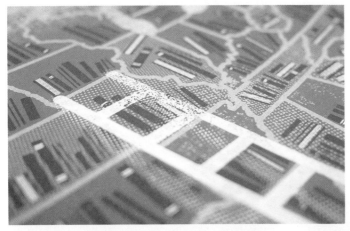

（左页）2011年啦啦骚动乐团秋季巡演海报
（Ra Ra Riot 2011 Fall Tour poster）：三色丝网印刷，纸张为法国纸业公司的自然色纸，尺寸为45.7cm×61cm。印数为100张。

（左下）洲际书架（Continental (Book) Shelf）：三色丝网印刷，纸张为法国纸业公司出品的牛皮纸（Kraft），尺寸为45.7cm×61cm。限量版。

（右下）桥梁（Bridges Print）：三色丝网印刷，纸张为法国纸业公司出品的牛皮斑点纸，尺寸为45.7cm×61cm。限量版。

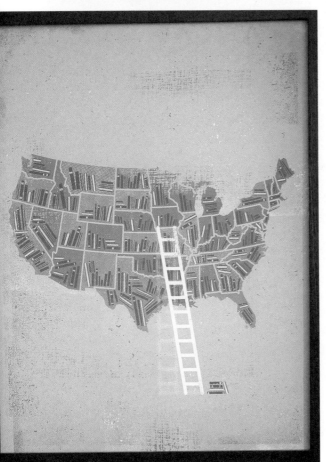

Two Arms有限公司是由迈克尔·皮比（Michael Tabie）和凯伦·戈欣（Karen Goheen）组成的插画与设计团队，他们以粗糙风格的丝网印刷摇滚乐海报而闻名。两位设计师在成立这个工作室之前，都花了六个月的时间在小型和大型的公司取经，他们多种多样的作品包括高档香水包装，以及定制字体设计和插画。他们的对于绢网印花的热情都体现在他们的实践中；他们的设计工作室也是一间印刷所，用来将他们的设计制作成限量版艺术印刷品和摇滚乐的海报。

We Three Club

美国剑桥市

头盖骨乐队在利兹大学举行的演出制作的海报（Poster for Band Of Skulls concert at Leeds Uni）：
由We Three Club设计。采两色丝网印刷，尺寸为A2。限量100张。

　　位于剑桥市的We Three Club是由亚历克斯·怀特（Alex White）和她的丈夫克里斯·怀特（Chris White）组成的。他们一起制作一系列不同的项目，主要包括与音乐相关的设计和插画。

　　We Three Club每年都会在卡姆登音乐节上展示自己的作品，展览名为"海报烧烤"，展示了来自英国的演出海报艺术家。作为整个展览的一部分，一些艺术家每年都会创作一次性海报来纪念艺术节中的演出。We Three Club自2008年起就与"血红色鞋"（Blood Red Shoes）乐队合作，他们受委托为乐队的新专辑（左页）创作一种能够与宣传资料相辅相成的设计。他们被要求去看电影《德克萨斯的巴黎》并从中提取元素，呈现出两个乐队成员被摄影师安东·科恩（Anton Coene）开枪击中的样子。

FLATSTOCK / American Poster Institute

北美/欧洲

2012年西南偏南音乐大会上的FLATSTOCK海报展，德克萨斯州奥斯汀。

　　FLATSTOCK是一个海报展，由美国海报协会组织，是一个非营利性的机构，致力于服务海报艺术家，同时宣传海报这种艺术形式。协会由几位海报艺术家和支持者成立于2002年，全世界已经有几百位艺术家和支持者加入。

　　这个活动是一种艺术流派发展自身队伍和文化的真实案例——将一种存在了几十年，曾被仅仅视作简单的艺术媒介的艺术形式无限拓展。当海报艺术家弗兰克·科齐克（Frank Kozik）与颇具影响力的丝网印刷网站gigposters.com展开关于在旧金山举办海报展览的对话时，便撒下了很多种子。通过组织第一次展览的过程，科齐克与他的海报艺术家朋友杰夫·皮维托（Geoff Pevito）、杰夫·克莱史密斯（Jeff Kleinsmith）、杰夫·赖安（Jay Ryan）、内尔斯·雅各布森（Nels Jacobson）、雷内·狄博思（Rene Debos）和克莱·海耶斯（Clay Hayes）为了便于举行未来的展览共同成立了美国海报协会。FLATSTOCK的联合创立者杰夫·皮维托

现在是该组织的主席。

　　第一次FLATSTOCK展览在2002年秋天举办于旧金山，并取得了评论界和商业上的双丰收。第二届FLATSTOCK展览举行于2003年3月，作为在德克萨斯州奥斯汀举行的西南偏南音乐大会（SXSW Music Conference）的一部分。同年晚些时间，这个活动变成了西雅图雨伞音乐节（Bumbershoot Festival）的一个固定部分。2006年，它还将触角延伸到了芝加哥音叉音乐节（Pitchfork Festival in Chicago），以及德国汉堡的雷泊邦音乐节（Reeperbahn Festival）。

　　FLATSTOCK囊括了当今最受瞩目的音乐海报艺术家的作品，代表着多种风格、地域和年龄段。因为最佳的海报总能捕捉到它们所宣传的音乐的精华，以及制作这些海报时所处的时代的精神，FLATSTOCK对于乐迷和海报收藏者来说是一个理想的场所，他们可以在这里遇见这个领域最好的艺术家，并拿起他们创作的作品。

《嗜血法医（Dexter）》第1—6季：
由泰·马特森（Ty Mattson）设计。三
色丝网印刷，选用黑色档案纸，尺寸
为45.7cm×61cm。每季限量发行十
份，带有个人签名和序号。

MattsonCreative

马特森创意工作室，美国加利福尼亚州尔湾市

明尼苏达州标志（Minn. State Motto）：由Steady公司的埃里克·A.汉姆林（Erik A. Hamline）设计。双色丝网印刷，选用法国纸业公司100lb的建筑白粉纸，尺寸为27.2cm x 35.6cm。限量发行25份。

Steady Co.

美国明尼苏达州明尼阿波利斯市

聚焦丝网印刷
Chicha Posters

秘鲁利马

在视觉广告印刷工坊印制Equipo Plástic集团的Chicha海报，由秘鲁的Urcuhuaranga家族印刷工作室制作。

　　埃利奥特·图帕克（Elliot Tupac）这个名字是一种混合哥伦比亚昆比亚（Cumbia）音乐、安达斯·胡威诺（Andean Huayno）和摇滚节拍的流行秘鲁音乐风格——Chicha音乐的代名词。作为一位成熟的街头艺术家，图帕克的艺术天分和鲜活的色彩运用得益于其父亲的教导。从11岁开始，图帕克（出生时名为Elliot Ur-cuhuaranga）开始为他父亲的公司设计海报。公司成立于20世纪90年代，当时他父亲正推进文化活动，需要宣

传推广，因此他让自己的两个儿子制作海报。图帕克从不依赖于传统宣传手段，而是和他兄弟一起创作了一种扭曲的手写字体，完善设计流程。印刷时采用鲜明的混合荧光色和纯黑色。荧光色的使用受到其父亲生产和销售的Huanca布料制作的刺绣和手工艺品的直接影响。

　　当地的音乐团体和音乐家在展览和市场上注意到这些活动海报，开始委托这一家庭工作室为他们制作海报。这些海报开始成为标准化的80cm×60cm印刷。然

完成的Equipo Plástic海报被晾干。

而，由于名气越来越大，本国顶级的Chicha和昆比亚品牌开始和Urcuhuaranga家族合作，要求制作四五倍大的横幅海报。

　　这个家族工作室在秘鲁利马郊外13公里处的视觉广告印刷工坊制作所有作品。海报的设计和草图都仅仅是画在蛋白屠夫纸上。每一个排印元素都被裁剪出来，直接固定在网屏上做成模板。不采用任何化学制品或摄影流程，手工裁剪的模板放在网屏的网孔上。印刷完成后，设计原稿不复存。图帕克充分意识到将设计趋势与音乐产业结合的局限性，因此他很快从只聚焦于和音乐家的

合作，转向与视觉艺术家合作，由此将其家族工作室创作的艺术形式转向其他有创造力的领域。这促使他与成熟的街头艺术家和集团合作。

　　西班牙街头艺术家艾尔托诺（Eltono）除了拥有自己原创的作品外，还是Equipo Plástic艺术集团的成员之一，该集团还包括艺术家纳里亚·莫拉（Nuria Mora）、Nano4814和尺寸（Sixe）。集团在利马的第一场展览使其注意到城市内各处张贴的Chicha海报，由此产生灵感，决定在展览中采用这种风格的海报。

　　"Equipo Plástic的设计是基于对这个充满艺术

艾尔托诺: Cuadrimetria Chicha.

气息的城市的观察。我们第一眼就注意到了Chicha海报，并从到达利马的第一天开始决定采用这种媒介。我们展览的策展人朱尔斯·贝（Jules Bay）联系了图帕克兄弟工作室，我们前往制作我们自己的Chicha海报，"艾尔托诺说，"我们不想干涉海报的设计，反而对观察它们如何制作完成更感兴趣。"

集团的四位成员根据利马吸引他们的四大主题——食物、天气、低迷的经济和混乱的交通——各自创作了一幅讽刺海报。

之后，他们将设计稿和海报上大致的文本内容交给图帕克和他的兄弟，让图帕克来完善设计。

在Equipo Plástic展览开幕前几天，这四位艺术家拿到了他们的Chicha海报并在城市各处张贴。

艾尔托诺还制作了一张推销个人的单人海报。作品"Cuadrimetria Chicha"（见上图）印制在康颂纸（Canson paper）上，限量25份，带有签名和序号，五色混合，尺寸为100cm×70cm。

凸活版印刷

艺术形式可被称为最伟大的社会政治变革。然而，活字印刷术的发明，可被认为是当今世界之所以如此的原因。

凸活版印刷的历史

约翰尼斯·古登堡和活字印刷术的发明

早期书籍通过手写形式进行复制。由于书本制造需要密集人力，所以只有富豪才能拥有。由于缺少教育的重要资源——书，世界上大部分民众目不识丁，只能依靠教堂等机构的传播来获取知识。但是活字印刷术的发明改变了世界。

德国印刷工约翰尼斯·古登堡(Johannes Gutenberg)被认为是西方第一个发明活字印刷术的人，使每一个活字都可以重复使用。古登堡做过金匠学徒，他利用这段时期学到的技能，用铅、锡和锑创造了自己的活字。

古登堡生活在德国酿酒业之都——美因茨。通过观察当地的酿酒师葡萄榨汁的过程，他借鉴葡萄榨汁的螺旋机制，发明了第一代"压印盘"(platen)印刷机。运用这台木质的手动印刷机，活字表面需要手动涂墨之后才能放上纸张。然后将垫片盖在纸上，采用螺纹压床施加压力，将文章印下。比起早期东亚发明的印刷方法，古登堡的高品质印刷术显然更适合印刷书籍。

古登堡圣经

古登堡最著名的作品是古登堡圣经(Gutenberg Bible)，它被认为是世界上第一本印刷书籍。古登堡圣经的高品质和相对低廉的价格有助于欧洲教育和读写能力的普及。印刷术通过移民的德国印刷师和归乡的外国学徒而迅速传播开来。15世纪50年代第一本古登堡圣经复印诞生；不到100年，在16世纪中叶，古登堡的活字印刷术在全世界普及，产生了一千五百多万本书。

发展与产业革命

在三百多年中，手动注墨的平压印刷机广泛使用，几乎没有没有任何变化。后来古登堡的螺旋机制由更有效的关节——杠杆系统取代。这一时期最大的进步是自注墨辊的发明。随着工业机制的前进，以自动注墨和传输为特征的新印刷机出现了，例如海德堡大风车(Heidelberg Windmill)和克卢格(Kluge)印刷机。印刷工程师改进印刷机的重量和杠杆作用来印刷书页。典型的如非常流行的阿达纳(Adana)台式印刷机注重先进的设计和自动注墨，开启了定制小型印刷机、出版和趣味印刷机的大门。这些打印机至今为"新潮"印刷匠所喜爱。Golding Jobber和钱德勒&普赖斯等大型印刷机成为快速周转和大容量的报刊印刷产业的主力军。

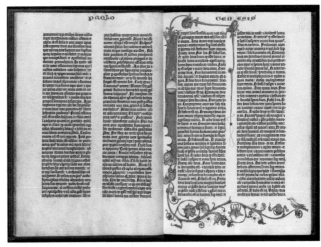

古登堡圣经，1455年由约翰尼斯·古登堡印制。

平台和滚筒印刷机

20世纪30年代，商业印刷中广泛使用第一代滚筒印刷机（Cylinder）。它将字模放在滚筒下的平板上，再利用滚筒纸张滚过字模，与平压印刷机不同。例如闻名的范德库克（Vandercook）打样印刷机等时下流行的印刷机可以印制巨大幅。之后进一步发展为例如机动平台印刷机（Flatbed）等自动化滚筒印刷机。

凸活版印刷的消逝

滚筒印刷机同时促进了平版胶印（Offset Lithography）的发展——在20世纪60年代为商业凸版印刷画上句号。平版胶印从凸活版印刷中借鉴良多，但更侧重于将着

墨图像从印版转移到橡胶圆筒，之后再移到印刷面的技术。凸活版印刷无法与快速灵活、套准简便并大量普及的彩色印刷竞争。因此，凸活版印刷作为一种可行的商业印刷方式，很快被淘汰出局。原来占主导地位的凸活版印刷商被迫将许多机械设备弃于废料堆，转而采用平版胶印技术。

感光性树脂简介——现代凸活版印刷的救星

20世纪80年代，印刷工程师开始意识到感光性树脂（photopolymer）的优势，它是一种暴露在紫外线（UV）中会改变性质的聚合物。工程师们为凸活版印刷发明新印版。这些柔性印版（flexographic plates）底部透明，将不同的印版安装在活字高度、带网格线的基座上时，套准非常容易，因此现在被广泛使用。

新技术与计算机编程的发展，使图形和文字能更加多样化地结合，并作为艺术品产出。这极大地提高了凸活版印刷的效率，尤其是在最耗时的排字上。感光性树脂很快成为行业宠儿。

（上图）芝加哥星形印刷公司（Starshaped Press）的钱德勒&普赖斯平压印刷机。
（下图）俄罗斯奔萨Cliché工作室的Korrex滚筒印刷机。

21世纪凸活版印刷改革

感光性树脂印刷的发展拓宽了业内可被接受及满意的范围,并使新一代凸活版印刷的狂热者进一步完善其工艺。得益于互联网上更多可负担的设备和教育资源,凸活版印刷在21世纪进行了改革。

许多志在生产高质量艺术品和精美凸活版印刷作品的"微小印刷"印刷商,在北美和欧洲同时开店。使用纸料的凸活版印刷选择众多。手工纸、无纤维纸和100%棉纸因为比软纸的印刷"咬合"深,最受现代印刷商欢迎。

他们为印刷商提供更多活字和艺术品的视觉感受。该审美已成为行业标准。与之形成鲜明对比,一个世纪前的凸活版印刷,追求"咬合"纸张,印刷单页广告或通知时要求达到很浅的或没有印痕。

为了实现平滑连贯的印刷效果,通常采用轻薄的新闻用纸。凸活版印刷的复兴伴随着对环保和可持续性的关注。许多大的印刷商,例如纽约州锡拉丘兹的Boxcar印刷公司,采用风力发电驱动印刷机和工厂设备。有的印刷商采用太阳能。清洗传统油性墨水,有可能污染环境的,因此促进了豆油油墨的发展。这种油墨的发展意味着印刷商可以选择不含有害物质的清洁系统。

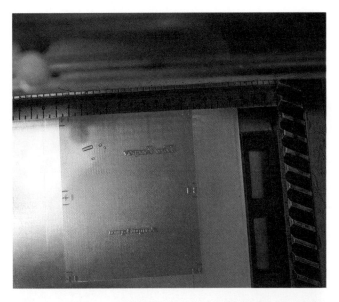

（上图）俄罗斯奔萨Cliché工作室采用的聚合物印版。
（下图）纽约州锡拉丘兹的Boxcar印刷公司采用的平压印刷机。

工艺流程简述 1

感光性树脂诞生于商业化的柔性印刷过程之中，采用感光聚合物塑料制作印版。与之前图像印刷采用的酸浸蚀锌和镁印版相似，它也是通过曝光然后浸水来获得凸起的印刷表面。而一般过去印刷图像通常伴随着人工排版金属活字，当今印刷商选择用电脑制作的活字以及设计图形，字体和图像组成一张聚合物印版（polymer plate）。

材料和工具

主要设备包括：

— 一台印刷机（可以选择平板滚筒印刷机，例如范德库克或者平压印刷机）

— 印刷设计相关的聚合物印版

— 聚合物印版基座（可以使印刷"更高"，一般可行的印刷面为2.33厘米。有许多种类和厚度的感光性树脂印版可选择，都有配套的基座。确保选择的印版和基座是配套的。）

— 油墨

— 印刷纸张

— 清洁溶剂和抹布

— 手套

如果制作聚合物印版，需要：

— 聚合物印版制造机或UV照射机

— 设计图胶片

— 未曝光的聚合物印版

2 流程

付印的设计图必须先数字化合成之后才能作为底片（黑色背景，字体清晰）进行数字化输出。背景必须专业，然后喷墨印刷在醋酸纤维，或更好地能数字化输出在感光的银基强反差菲林片上。

这些胶片用来曝光聚合物印版。印

版是感光的，暴露在光线下会聚合变硬。印版中未曝光的部分会维持水溶状态。为了显现图像，曝光的印版会在水池中用软刷擦洗，未曝光的印版将会破损并被清除。硬化的聚合物在胶片上呈设计好的形状，粘附在塑料或金属基底上，成为印刷模型。

3

处理印版

感光性树脂印盘对UV非常敏感。虽然不会被普通的室内光线快速影响，但仍需要保存在无光环境中，只有需要时才拿出来，避免被阳光照射。

4

制作印版

无需使用一体式曝光设备时，可以使用专门曝光和制作聚合物印版的机器，会有很好效果。也就是说，可以在别的UV曝光设备上曝光印版，之后再手洗图像。注意这样操作具有风险。

一体化曝光设备可以处理所有印版制作流程，包括曝光印版、清洗、

晾干和曝光后处理。

在一体化曝光设备上制作印版时，将清晰的防护胶片从印版乳剂侧移开，印版置于曝光底座的乳剂侧。然后将底片从乳剂侧一直往下放到

印版上（如此文字和图像可以从胶片背面看见）。将被称为 kreene 的柔软塑料膜覆盖在胶片和印版上，用抽气泵抽出空气，确保胶片与印版紧密贴合，曝光清晰。然后将底座置于UV灯下，胶片上的图像会硬化为聚合物印版。曝光时长根据曝光设备而定。

曝光后，将印版置于一个旋转的冲洗压印盘上。将其关闭，使用电力驱动，将压印盘放在水槽中用软刷清洗。

未曝光的聚合物将在水中软化并清除。硬化的聚合物将保留为设计好的形状，在表面凸显出来。

清洗过后，印版出水晾干，放回曝光底座进行曝光后的UV灯照射，确保所有聚合物在印刷前充分硬化。

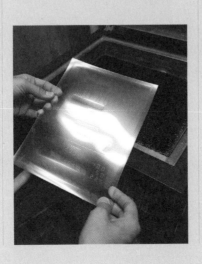

5
印刷

正确使用的聚合物印版效果良好。
用其印刷时，需要先将其贴附于聚
合物印版基座上，将基座与印刷机
锁定。有些聚合物印版采用钢基，
其配套基座带有磁性。无磁性的塑
料基聚合物印版可贴附于光滑、无
磁性的基座，基座上带有双面黏合
板。采用聚合物印版在同一印刷机
上印刷，与采用其他字高模板或基
底印刷并无不同。在单循环中，油
墨滚筒会滚过凸起的印版表面。表
面着墨后，将纸张压在印版上，将
印版上的图像印在纸上，然后重复
这一过程。如果设计图中有两种颜
色，那么必须曝光和制作两个印

版。印好第一种颜色后，换一个印
版，将印刷机清洗，注入第二种颜
色的墨水，重复之前的流程。注意
校准两个聚合物印版，用印刷机印
刷的两种颜色需要经过一致套准。

6

清洗和储存

印刷完成后，所有印版需用无线头的抹布擦拭。有时需要用溶剂协助清洗细微处的油墨。操作人员要戴手套，注意使用溶剂的安全警示。黏贴性印版需有保护性背页，方便剥落和储存。金属底的印版无需保护性背页。两种印版都要储存在带拉链的密封袋子中，用硬纸板平压，保护其凸起部分和使用寿命。合适的储存能使聚合物印版数十次重复利用，制作成千上万的作品。采用与清洗印版时相似的无线头抹布清理印刷机。每一个油墨滚筒需用矿油精或商用滚筒清洗剂进行全面彻底的清洗。

有些印刷工作更加复杂。厚纸比薄纸需要花费更多更大的压力，光滑纸张与柔软的棉纤维纸需要不同量的油墨，产生不同的效果。

除此之外，不同的类型、品牌、型号的印刷机都有所不同。制作高质量的印刷作品，需要花时间学习相关的印刷细节。

需要注意的是，印版制作一体机耗资巨大。如果要体验聚合物印版，许多公司可以用数字文件制作印版。这些公司包括享誉全球的大公司，也有当地的小工坊。可以多调查询问，寻找合适的公司。

凯尔·凡·霍恩
（Kyle Van Horn）
巴尔第摩印刷工作室
（Baltimore Print Studios）
www.baltimoreprintstudios.com

Studio on Fire

美国明尼苏达州明尼阿波利斯市

飞机,法国纸业公司宣传品:查尔斯·S.安德森设计,Studio on Fire工作室印刷。

Studio on Fire印刷设计工作室的日常工作室创造非凡、一流的作品,它以一流的印刷设计、凸活版印刷和特殊的制作方法为特色。自从十数年前,这个当时只有一台印刷机的工作室在创始人本·利维茨(Ben Levitz)家中的地下室开张,它目前已有一打运转正常的古老印刷机,并雇佣了许多致力于出众印刷作品的技术人员。

Studio on Fire工作室提供室内设计和印刷服务。你们是通过平面设计接触到凸活版印刷,还是其他方式?
我们的工作室有强大的设计背景,也是优秀的印刷商。

我们理解创造伟大的设计作品需要花费的时间。我第一次接触凸活版印刷,是通过一个错过我们工作室开门时间的平面设计师。如今,我们的愿景是与其他设计师一起专注于优质印刷作品。

如何选择最合适的印刷机?
海德堡印刷机可以完成95%的工作。小型印刷时,我们选择25.4cm × 38.1cm平压印刷机。模切或冲压工序则由33cm × 45.7cm平压印刷机完成。滚筒印刷机用来印制更大印刷面积的大型印刷品。

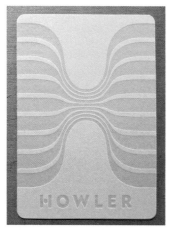

（右图）《吼叫者》杂志商业名片：牧师和恩典（Priest and Grace）设计，Studio on Fire工作室印刷。

（下图）Buzzed and Fuzzed 海报：Studio on Fire工作室设计印刷。采用两种印刷，三种颜色墨水（褐、黄、暖灰），纸张采用Wausau Royal Compliments自然白100c，尺寸：32.1cm x 24.4cm。

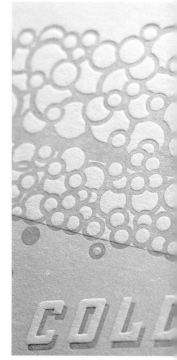

滚筒印刷机一台机器可以大量印刷，长期运行，最受欢迎。我们保留手工印刷机，比如 Gietz 和范德库克，用来印刷着墨难、印量小的作品。

由于感光性树脂的广泛使用，凸活版印刷在数十年间变化很大。大家对于感光性树脂有什么看法？
聚合物使凸活版印刷能制作出更多形式的艺术作品。印版只是一种制作方式。它还需要图像胶片制作工艺、合理曝光、充分准备，才能产生优秀的印刷作品。聚合物可以协助控制整体室内印刷流程，制作出伟大作品。

在工作室的日常工作中遇到最大的问题是什么？
最大的问题是缺乏印刷制造的知识。当代设计师主要采用数字媒体和数字印刷。每天都有设计师需要印刷优秀的设计作品，但不适合凸活版印刷。因此需要再学习。对于没有印刷经验的潜在客户来说，需要在短期内学习大量知识，也经常会遇到突发事件。

本·利维茨
Studio on Fire工作室负责人

阳光（Sunshine）：
Studio on Fire工作室
设计印刷，采用三种
颜色，从红向橘再向
紫过渡，30.5cm x
40.6cm。限量150张。

法国纸业公司与美国明尼阿波里斯市的查尔斯·s.安德森设计工作室（Charles S. Anderson Design）长期合作，在过去十年间制作出许多具有视觉冲击力的作品以促进纸张的销售。Studio on Fire工作室能参与法国纸业公司最新展销用品——纸质"飞机"的制作十分荣幸（见第74—75页）。

与CSA的设计师紧密合作完成作品，凸活版双色印制于法国纸业公司生产的140lbC斑点牛皮纸上。"飞机"按照指示安装后，"飞机"前端鼻部呈硬币状，滑行后可以成功起飞。

上图的商业卡片为北美足球类季刊杂志《吼叫者》（Howler）制作。盲印的且只有一个印痕的作品，完全依靠良好的光线条件使其清晰可见。Studio on Fire工作室对这一问题，采用变色油墨，造成作品和纸张的充足对比，使信息可见。

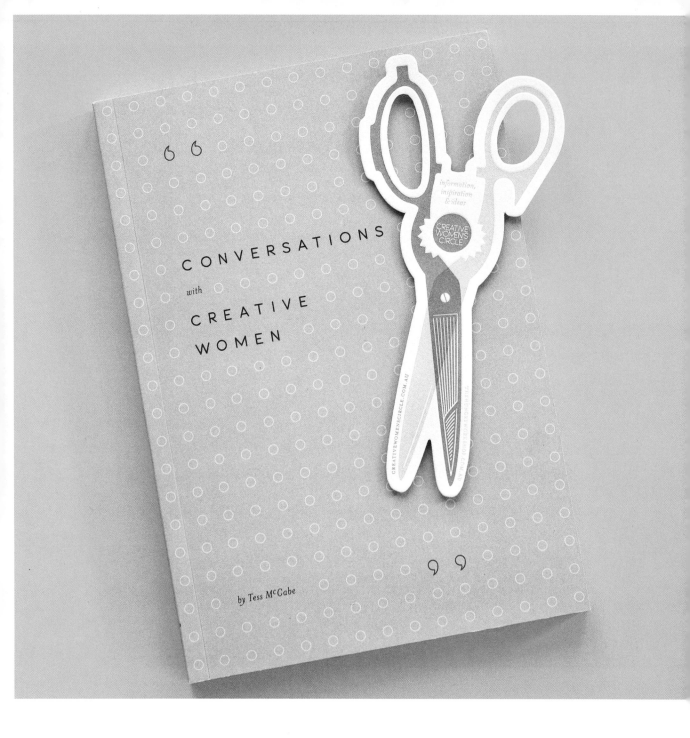

The Hungry Workshop

澳大利亚墨尔本

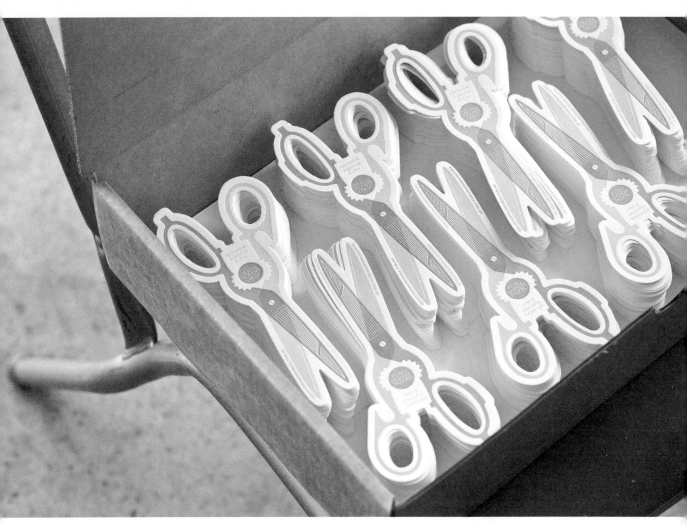

创意女人圈书签（Creative Women's Circle bookmarks）：采用双色凸活版印刷（手调蓝色，与书籍封面颜色相匹配，以及双倍银色），纸张选择Crane's Lettra 300gsm，100%棉质无树纸。由饥饿工坊的西蒙·赫普格雷夫和詹娜·赫普格雷夫夫妇设计印刷。

有创造力的西蒙·赫普格雷夫（Simon Hipgrave）和詹娜·赫普格雷夫夫妇（Jenna Hipgrave）在工作之余创立了凸活版印刷The Hungry工坊。詹娜曾在一家小型设计工作室工作，极其注重细节，从美学角度使作为艺术指导的西蒙那些概念性、发散性的思维和想法更加完善。2011年早期，成功地设计和印制他们的婚礼请柬后，这对夫妇开始着迷于凸活版印刷，并成立了The Hungry工坊。

你们是一对在平面设计事业上成功的夫妻档，为什么要放弃平面设计而进行手工领域的创业？

我们在创造性领域创业的首要原因是我们喜欢制作，但随着技术进步和数字的即时性，制作的过程似乎已逐渐消失。很少有人完全控制自己作品的产出，因为这需要额外的生产：开发、印刷、图像处理、指导等等。当完整构思一件作品（从灵光一闪，到构想概念、设计、调色，再到着手印刷），到成品输出的过程，完全是按照

兔子洞概念咖啡推销赠品（Promotional giveaway for The Rabbit Hole Ideation Café）：双色印刷（荧光绿和双倍银），纸张选择390gsm 啤酒瓶盖垫纸板（Beer Mat Board）。模切形状可以组合成一只像模像样的小兔子。由The Hungry工坊的赫格格雷夫夫妇设计印刷。

计划进行，这个过程非常可靠，令人心满意足。不久我们就对这个过程着迷，并决定作为事业去追求。

在英国和美国，手工艺术和印刷复兴。这种现象在澳大利亚怎么样？

这种复兴是存在的。长期以来，澳大利亚人对本地制作和手工产品有着真挚的热情。例如剪羊毛这样艰苦的工作是我们国家的象征之一，凸版印刷有相似之处。这种复兴在一定程度上也是对批量生产的一种抵制。在一个

充斥着触屏、电邮、状态更新、点赞和短信的世界里，个性化、可触摸、手工制作为特色的沟通方式形成反差，能量巨大。

如何平衡你的印刷工作和室内设计工作？

在某些程度上两者是混合的。它们都需要创造力，所以我们倾向于用相似的方法处理它们，很难将其划分开来。它们都可以带来慰藉：当某一项目需要印刷时，我们走下工作台卷起袖子干活。印刷工作非常有节奏感，

虽然是体力劳动，也具有冥想性。当印刷工作完成，回到工作台上的感觉也很好，打开Mac，回到绘图界面。

西蒙·赫普格雷夫
The Hungry工坊

The Hungry工坊为一本记录澳洲最有创造力的女性访谈内容的书籍《对话创造型女性》设计并印刷了一款书签(见78—79页)。工坊采用具有精确套准能力的海德堡大风车印刷机，这台机器上的印版运用模切进行剪裁。

上图的滑板为原创作品，在维多利亚国家美术馆(National Gallery of Victoria)展出，是最具有澳大利亚综合历史特色的滑板收藏之一。滑板上有二百多条折叠模切而成的羽毛，采用好奇金属红漆(Curious Metallics Red Lacquer)和巧克力色特种纸用银色凸活版印刷后，折叠模切而成。每根羽毛都是手工折叠，然后用热熔胶枪粘贴在滑板上。

Cliché Studio

俄罗斯奔萨

　　尽管一直喜爱活版印刷和平面设计,但尤金·珀费勒夫(Eugeny Perfilev)从某种意义上说,是凸活版印刷的新手。但是当2010年第一次在网上看到美国艺术家的凸活版印刷作品,他意识到凸活版印刷才是自己真正想做的事,于是放弃了很好但是很无聊的办公室工作,成立了Cliché工作室。

　　Cliché工作室采用与传统俄罗斯风情相反的元素制作并印刷圣诞贺卡。作品需要精确套准,因此非常复杂。选用萨沃伊纸(Savoy paper)亮白色220lb, 100%棉纤维。

　　狐猴贺卡公司(Lemur Cards)委托Cliché工作室印制由列昂尼德·萨鲁宾(Leonid Zarubin)设计的"Make Love Not Work"贺卡(如上图)。选用300g中性鉴赏家刚古纸(Conqueror Connoisseur)纯质, Korrex纽伦堡打样机印刷(Nürnberg proof press)。印数200份,使用三种潘通色,印制耗费八天。

Ladyfingers
Letterpress

美国罗德岛波塔基特市

　　Ladyfingers 凸活版印刷工作室制作的这份婚礼邀请大礼包,包括婚礼请柬和婚前"后院晚会"请柬、回柬和信封、酒杯标签和详细内容手册。

　　晚会邀请函采用220lb Crane's Lettra卡纸,正反面单色印刷,边缘为霓虹粉色,底部有打孔可裁回柬可供客人撕回复。婚礼回柬同样采用220lb Crane's Lettra。

请柬采用四色印刷,选用27.9cm×43.2cm的Crane's荧光白120gsm纯质纸。

Mattson Creative

马特森创意工作室，美国加利福尼亚欧文市

　　马特森创意工作室的总监泰·马特森（Ty Mattson）为他的儿子谢泼德设计了这份限量版婴儿出生贺卡。卡片为18.4cm的方卡，由Studio on Fire工作室（见第74页）印制，选用Crane's Lettra 220lb弗洛白纸上印鲜红与蓝色。由于图案紧凑，色块之间没有补漏白（trapping），所以需要很高的套准技巧。

Press a Card

泰国曼谷

帕达维奇婚礼礼包：Vahalla工作室设计印刷，艺术指导丹·帕达维奇，设计师丹·帕达维奇和米卡·卡莱尔（Mica Carlile）。

Vahalla Studios

美国密苏里州堪萨斯市

制作上图的婚礼礼包用了一整套的印刷流程，旨在呈现出梅丽莎·帕达维奇和丹·帕达维奇(Dan Padavic)一家人——包括两只狗科娜和达芙妮。从调色盘到图案，从选用纸张到标志，这对夫妇希望所有材料都能表现得和谐统一。

请柬、杯垫和标签都采用了凸活版印刷和丝网印刷。封皮、标志和餐具垫也都采用了手工丝网印刷。所有印刷和制造由丹·帕达维奇和插画师及设计师泰德·卡朋特(Tad Carpenter)经营的印刷及设计公司——Vahalla工作室在室内完成。

Anenocena

美国加利福尼亚洛杉矶市

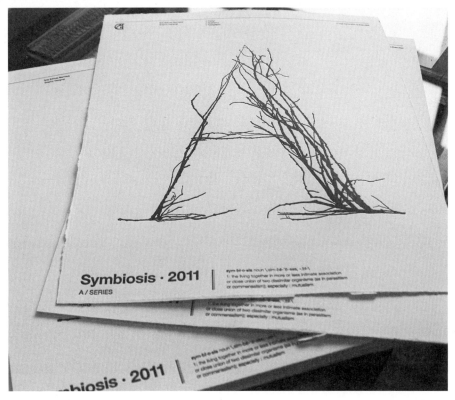

共生（Symbiosis）：由安娜·戈麦斯·伯诺斯担任字体设计、艺术指导、图案设计和印刷，The Arm工作室（网址：www.thearmnyc.com）印制。

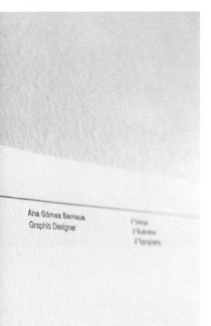

安娜·戈麦斯·伯诺斯（Ana Gómez Bernaus）在工作中检验版面设计和插图的关系。她一直对与视觉相关的一切满怀激情，2009年，她搬到纽约，成立了设计工作室Anenocena，并扩大客户群，之后她又搬到了洛杉矶。

共生是以字型实验为目的的推广项目。以老迪多体（Didot Elder）为基础，伯诺斯创造了用树枝和刺绣作为造型元素的字体。树枝的坚硬与刺绣的精美柔软达到平衡，形成共生关系，创造出自然有机的形态，呈现出了寂静和潜伏。

伯诺斯采用了范德库克印刷机和万松胶印油墨。伯诺斯在布鲁克林威廉斯堡的The Arm公共凸活版印刷工作室和画廊完成印制。

悬挂死神（Hanging with the Dead，Cloudy
收藏，卷III，限定版）：娜塔莎·阿莱格里
（Natasha Allegri）、山姆·博斯马（Sam
Bosma）、艾米莉·卡罗尔（Emily Carroll）、迈
克尔·德福尔（Michael DeForge）、戴维·哈克、
迈克尔·斯莱克（Michael Slack）和史蒂夫·沃尔
夫哈德（Steve Wolfhard）为艺术创作。

Cloudy/Co

美国印第安纳州莫斯科市

2012年世界末日将临挂历（2012 Calendar of the Impending Apocalypse，Cloudy收藏，卷III，限定版）：艺术创作有埃默里·艾伦（Emory Allen）、乔·阿尔特里奥（Joe Alterio）、安娜·本罗亚（Ana Benaroya）、卡利·谢泽米尔（Kali Ciesemier）、艾米·克雷尔（Amy Crehore）、戴维·哈克、亚当·科夫福德（Adam Koford）、乔·兰伯特（Joe Lambert）、菲尔·麦卡安德鲁（Phil McAndrew）、卢克·皮尔逊（Luke Pearson）、文森特·斯塔尔（Vincent Stall）和杰米·佐拉尔（Jaime Zollars）。每套12张，采用水溶性油墨和再生环保纸印制，每张尺寸：15.2cm x 15.2cm。由美国密苏里州堪萨斯市的Vahalla工作室（见第87页）印制。

戴维·哈克（David Huyck）想要给世人带来伟大但平价的艺术作品，因此他在2009年决定开展Cloudy收藏的合作印刷项目。哈克选择好主题和用色方案，然后邀请一些艺术家们根据这些内容印制作品。之后Cloudy公司负责销售成型的印刷作品，收入分给印刷成本、艺术家和慈善——通常是像大自然保护协会这样的环保组织。

凸活版印刷采用可持续竹浆纸，由纽约州锡拉丘兹的Boxcar印刷工作室印制。

Hatch
Show Print

美国田纳西州纳什维尔市

（右图）大奥利·奥普利的阿库夫（Acuff at the Grand Ole Opry）：由Hatch Show印刷工作室设计和印制。

（左图）三重猫王（Triple Elvis）：由吉姆·谢若登（Jim Sherraden）设计和印制。

Hatch Show印刷工作室位于纳什维尔市中心，是一家闻名遐迩的海报凸活版印刷和设计工作室。除了为客户提供日常服务，他们还从商店档案中获取灵感，制作成艺术品在零售店中出售。工作室成立于1879年，致力于海报和设计一体化服务，到今天已经在印刷技术领域经历了数次变革，也因此成为世界凸活版印刷爱好者心中的圣地。它也是纳什维尔市历史和南方文化的组成部分之一，同时还是乡村音乐名人堂在纳什维尔市的分部。

上图与Hatch印制出的所有作品一样，采用手工木制和金属制活字，或原始的木版印刷。采用范德库克打样机、油基油墨和无酸纸。

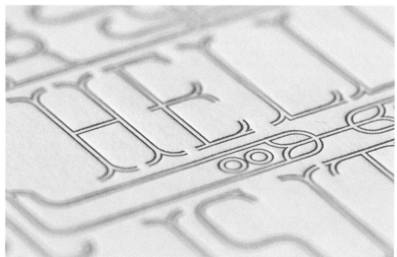

（上左）您好（Hello）：本·格里布（Ben Grib）设计，
采用胶印油墨和280gsm象牙白厚棉纤维纸。

（上右）你、我和海洋（You, Me and the Sea）：本·格
里布设计，采用胶印油墨和280gsm象牙白厚棉纤维纸。

Essie
Letterpress

南非西开普

A Two Pipe Problem

两根管子的问题工作室，英国伦敦

A Two Pipe Problem工作室的创意总监史蒂芬·肯尼（Stephen Kenny）受日本批发商入江昭（Akira Irie）邀请制作这款重量级"字体铸造购物袋"。入江并没有告诉肯尼任何主题，也没有把有趣纯正的英伦风介绍给日本客户的想法。

每只袋子由斯蒂芬森·布莱克（Stephenson Blake）打样机印制，使用万松油墨。肯尼收藏的最古老的活字

是1838年，每只袋子都印刷上英国活字铸造和使用年代——许多是这个年代的产物。这些袋子的创作灵感来自于20世纪50年代的美国邮袋。

A Two Pipe Problem工作室制作卡片、艺术印刷品和其他设计作品，客户多种多样，包括泰特出版公司、设计博物馆和无辜的沙冰等，同时工作室还在伦敦东部开设了凸版印刷工坊。

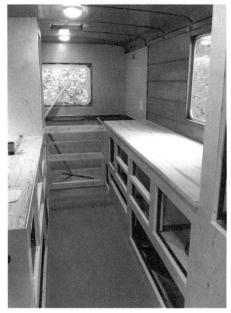
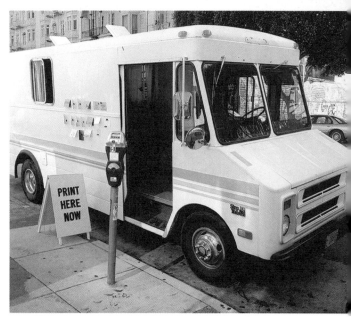

Power and Light Press

美国俄勒冈州波特兰市

POWER AND LIGHT PRESS
⚬ PRESENTS ⚬
MOVEABLE
TYPE
★ CROSS COUNTRY ADVENTURES IN PRINTING ★

2000 LBS
OF
LEAD & WOOD
IRON LOVE
IN A VERY SMALL SPACE

SWEETHEART
OF THE ROAD

COMMENCING 2011
SUMMER
————————➤ EVER ONWARD

（左上图）凯尔·杜里在可移动
活字卡车上工作。
（下图）不同情形下的可移动
活字卡车。
（中图）可以移动活字环游海
报：由Power and Light 印刷工
作室设计印制。

凯尔·杜里（Kyle Durrie）是 Power and Light 凸
活版印刷工作室的老板，同时也是可移动活字卡车的拥
有者。该车由一辆1982年的雪弗兰厢型卡车改造而成，
内含功能齐备的可移动印刷车间。2010年，由众筹网站
Kickstarter发起募集，提供卡车购买资金并安装好橱

柜、工作间、一台20世纪中叶生产的印刷机和1873年生
产的Golding Official 3号台式平压印刷机。

2012年初，杜里完成了为期十个月的环游，开着可
移动活字卡车（Moveable Type Truck）在整个北美旅
行，教授工坊技艺，展示印刷过程，传播印刷的老工艺。

Scotty Reifsnyder, Visual Adventurer

美国宾夕法尼亚州利提兹市

平民英雄卡片（左图）由斯科蒂·赖夫斯奈德设计绘制，作为他推广自己插画工作室的一系列凸活版印刷宣传作品的其中六件。斯科蒂一开始学习美国民间英雄故事，又从他父亲收藏的旧式乡村音乐和民间歌谣唱片中获取灵感。这些卡片由宾夕法尼亚韦恩市的斯科特·T.麦克莱兰（Scott T. McClelland）的两个纸娃娃工作室

（Two Paper Dolls）印制。

迪斯尼公司邀请斯科蒂为其在迪斯尼乐园中心区域的奇妙画廊开幕庆典制作米老鼠主题卡（见上图）。画廊展示了许多迪斯尼与皮克斯电影、角色和偶像相关的艺术作品。这件三色的扑克牌式样的卡片由费城STMJR印刷公司印制。

Blush
Publishing

英国北威尔士菲林特郡

左侧图由Blush工作室和无所不在制造公司（The Ubiquitous Manufacturing Company）合作设计和印制。选用1000mic的100%可再生的深灰纸板，结合金属印刷和边缘上色，成品简洁而美妙。卡片采用海德堡平压印刷机和银色油墨双面印制。

插画师杰玛·科雷尔（Gemma Correll）委托Blush工作室印制限量版精美的"&"符号插图（见上图）。Blush工作室采用海德堡平压印刷机，对作品进行双色凸活版印刷，选用300gsm的萨默塞特（Somerset）纯质纸。作品为A4大小，限量250份，每份都带有签名和序号。

串联（Tandem）：
为密苏里圣路易斯
的演出"Artcrank"
创作。六色凸活版
印刷，自行车为单
色丝网印刷。

Brad Vetter

布莱德·温特，美国田纳西州那什维尔市

（上图）骨骼（Bones）：选用360gsm白色布浆纸双色，海德堡大风车印刷机印制。

（下图）Magma Press工作室名片：选用600gsm Crane's Lettra白色纯质纸，300gsm Colorplan 纸双面印刷。

以上作品由Magma Press工作室的安德烈·佩瑟尔（Andre Pessel）制作完成。

Magma Press

荷兰布鲁克伦

Boxcar Press

美国纽约锡拉丘兹市

（左图）简洁（Simple，Cloudy收藏工作室卷II，第四版）：艺术创作有格雷厄姆·安纳布尔（Graham Annable）、塔德·卡彭特、珍妮弗·丹尼尔（Jennifer Daniel）、汤姆·高尔德（Tom Gauld）、布兰卡·戈麦斯（Blanca Gómez）、戴维·哈克、劳伦·纳塞夫（Lauren Nassef）。Boxcar印刷工作室凸活版印刷。

科里纳·拉齐尼科弗摄影工作室宣传卡：设计师莎伦·巴塞洛缪（Sharon Bartholomew）和皮尔·古斯塔夫森（Pier Gustafson），字体书写为盛开的鹅毛笔工作室（The Blooming Quill）的黛比·泽纳特（Debi Zeinert）。Boxcar印刷工作室凸活版印刷。

Boxcar印刷工作室专业制作凸活版印刷，同时提供胶版印刷、模切、箔块冲压，以及生产和销售凸活版印刷用具（感光性树脂印版、字高基底系统、墨水和其他配件）销往世界各地的印刷工坊。

左图为Boxcar工作室为Cloudy收藏工作室（见第90—91页）制作的作品精选。插图采用鲜洋红色油墨与透白色印制在凹凸质感的纸张上。

Boxcar印刷工作室也为科里纳·拉齐尼科弗（Corinna Raznikov）摄影工作室印制宣传材料（见上图）。凸活版印刷的明信片、标价卡和宣传卡采用鲜红色墨水与透白色印制在凹凸质感的纸张上，色彩鲜明。

Bravo Company

布拉沃公司，新加坡

Five & Dime餐饮品牌与标识：艺术指导埃德温·陶（Edwin Tao），设计师阿曼达·何（Amanda Ho）。凸活版印刷由Presna工作室完成。阿姆斯特打印服务（Amster Printing Service，胶版印刷）和31号场地工作室（Venue 31，丝网印刷）制作本系列宣传作品的其他材料。

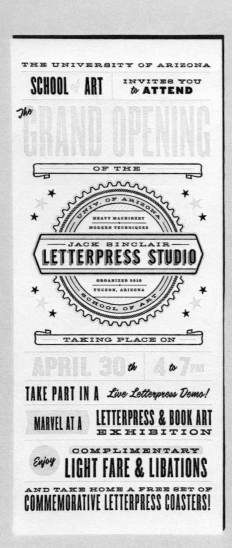

The Cast Iron Design Company

美国科罗拉多博尔德

杰克·辛克莱尔凸活版印刷工作室（Jack Sinclair Letterpress Studio）品牌宣传材料和开业邀请：设计师为Cast Iron设计公司的乔纳森·布莱克。艺术指导为Cast Iron设计公司的乔纳森·布莱克和理查德·罗什。印制为Letterpress Finesse 的吉姆·欧文（Jim Irwin）。

理查德·罗什（Richard Roche）和乔纳森·布莱克（Jonathan Black）在设计学校相遇，并很快意识到两人之间的默契和互补技能。他们在2010年成立了Cast Iron设计公司。公司名称象征着永恒、简洁、高效、优质的铸铁锅——这些特点也是公司的设计理念。

亚利桑那大学艺术学院邀请Cast Iron设计公司为新开张的杰克·辛克莱尔凸活版印刷工作室（Jack Sincl air Letterpress Studio）制作品牌宣传和印刷品材料。公司为开业盛典设计了邀请函、纪念印刷品、书签和一套杯垫，旨在创造出充分结合实用性和艺术性的凸活版印刷作品。

除了杯垫，其余作品都选用光洁的160lb光滑乳白色100%双面特厚封面纸（Smooth Ivory paper）。

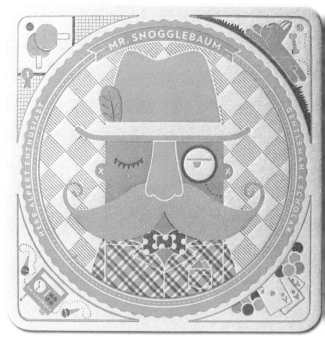

Cranky Pressman

美国俄亥俄塞勒姆

THIS IS TO
CERTIFY

that the Bearer of this Warrant
has satisfactorily completed
the Cranky Pressman
letterpress workshop.

SALEM, OHIO

30 / of 75

Cranky Camp 证书：设计与插图绘制为奥利弗·巴瑞特（Oliver Barrett）。

Cranky Pressman工作室由基思·伯杰和杰米·伯杰兄弟（Keith and Jamie Berger）合作成立。基思自1984年开始经营一家印刷工作室，杰米则是一位保守派艺术总监，他把职业生涯的大部分时间花在烟雾缭绕的广告公司中。位于俄亥俄中部小镇的印刷工作室至今仍然开业。任何一个懂得手工制作和凸活版印刷对设计的意义的人，都能理解Cranky Pressman工作室的这种运作模式。

这一套杯垫（见左图）由Parliament of Owls（猫头鹰议会）设计工作室绘制，与客户的印刷海运货物一起邮寄作为促销品。杯垫采用两种专色（橙色和蓝绿色）的纸浆纸板，由海德堡大风车印刷机印制，使用数字图文稿件创建的镁版。

Cranky Pressman工作室还拥有一家叫做Cranky Camp（胡思乱想的营地）的凸活版印刷工坊，参与者都能获得一张证书（见上图）。杰米说："颁发证书是为了奖励大家参与完善工坊。"证书由四色印刷于110lb Crane's Lettra珍珠白封面纸上。

Fabien Barral

法比恩·巴尔，法国

2015凸版印刷日历：设计师法比恩·巴尔。一套十三张卡片，采用480g的100%可再生生态纸板，每张尺寸为19cm×12cm。限量500张，每张带有手写序号和定制的刻着巴尔绰号"Mr. Cup"橡皮图章盖章。

　　法国平面设计师法比恩·巴尔对设计和创造满怀激情。巴尔是闻名遐迩的设计博客"Graphic Exchange"的创造者和操作者，他对专业的热情显而易见。

　　从2009年开始，巴尔每年都要重新设计他的名片。他说："名片更多地呈现出我的特点，而不仅仅是我的职务"。他运用"双墨印刷法"印制作品《2012》（见左页），采用两到三种墨水，在印制过程中混合使用。成品中每一张卡片都有独特的色调。卡片由波兰凸活版印刷工作室Lettera Magica（魔法信函）印制，印制过程仅使用了一张聚合物印版。

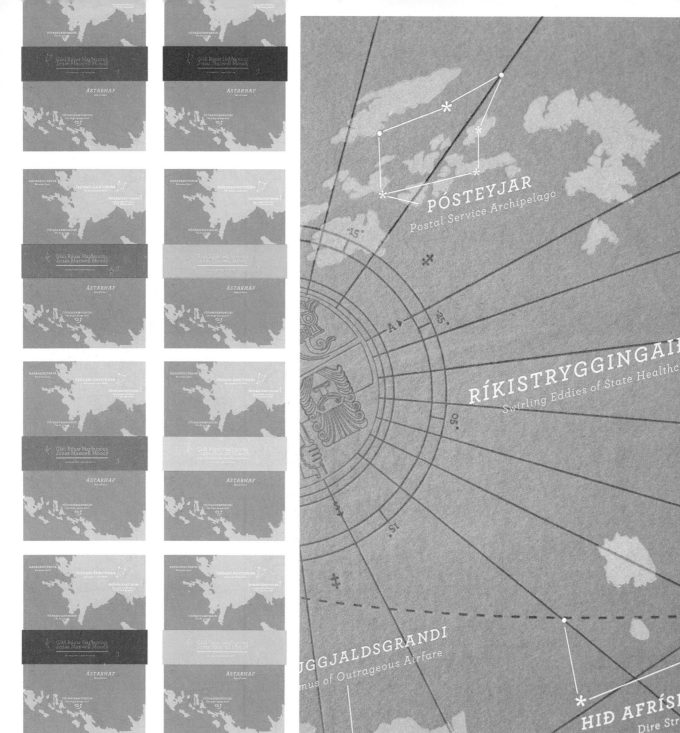

Kelli
Anderson

凯利·安德森，美国纽约布鲁克林

凯利·安德森在这张双语婚礼请柬（见左图）中，浪漫地刻画了神秘而典型的冰岛风情。请柬采用双色凸活版印刷，选用双重蓝色纸。请柬有多种颜色的腰封，上面有银色墨水打印的新婚夫妇姓名。安德森用位于家中工作室的 1919 Pearl 新款打印机打印所有作品。

安德森为扬娜·朴和雅各布·克尼克制作了手帕地图／婚礼请柬（见上图）。

首先，她用谷歌地图找到了婚礼地点，标明并绘制地标，然后她以道路的形状创建了一条纸"路"。将这些元素数字化，并丝网印在织物上形成地图图形，它们用凸活版印制有事件细节的腰封绑在一起。

安德森还为亚当·罗迪克和 The Royal Chains 制作封皮（见上图）。有多种形状供选择，每一张封皮都极具个性。

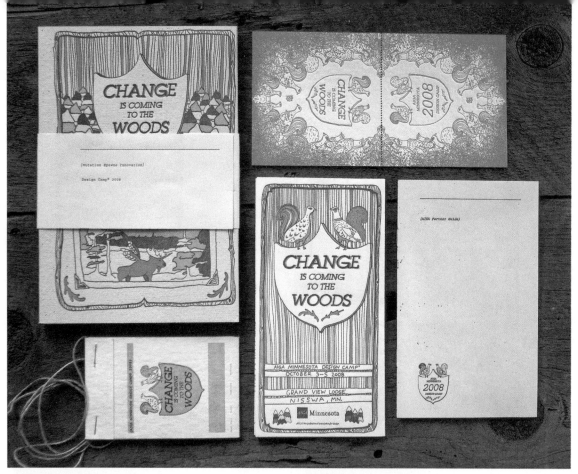

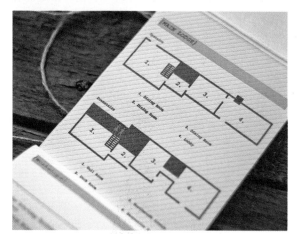

Woods & Weather

美国明尼苏达明尼阿波里斯市

明尼阿波利斯市人埃里克·哈姆林如今经营着明尼苏达州的 Steady 印刷公司（见61, 211—212页）。但在2010年该公司创立前，哈姆林在具有开创性的明尼阿波利斯市印刷工坊 Studio on Fire（见第74—77页）担任高级设计师和艺术指导，学习经营。除了在 Steady 工作，哈姆林还在Woods & Weather工作室担任设计师和插图师。

哈姆林为AIGA明尼苏达州2008年度设计大会（见左图）设计标志和相关材料。珍娜·布鲁斯（Jenna Brouse）绘制插图。礼包内包含一张地图、一本艺术书籍、一本笔记本和一张明信片，所有物品都采用四色（包括三种荧光色）印刷，选用法国纸业公司的斑点乳白色压棱纸。

哈姆林和插画师安德鲁·德沃雷（Andrew Devore）合作设计上图中的埃里克·布兰特专辑，其中包括可折叠的歌词页和一张CD，以及封面上形状特别的冲切。这个设计成本不高：都是单面印刷，可折叠页可以DIY。选用法国纸业公司的140lb色卡纸。在Studio on Fire设计室自己的33cm×45.7cm的风车印刷机上完成。

Mama's Sauce

美国福罗里达奥兰多

（左图）Mama's Sauce工作室名片：奥斯汀·
皮托蒂设计，布赖恩·博希（Brian Boesch）
和尼克·萨布拉托排版，Mama's Sauce工作
室印制。

皮托蒂结婚请柬：奥斯汀·皮托蒂设
计，Mama's Sauce工作室印制。

　　2007年，尼克·萨布拉托（Nick Sambrato）创立了
Mama's Sauce工作室，专业经营丝网印刷和凸活版印
刷，到目前为止，已有六千多件作品。

　　创始人和创意总监萨布拉托为Mama's Sauce工
作室建立品牌时，规划清晰，他给首席设计师奥斯汀·皮
托蒂（Austin Petito）布置工作。萨布拉托说："目标很
明确：简洁丰富。目的是吸引拥有美学和制造观念的理
想客户。"左图的工作室名片采用法国纸业公司的110lb

Crane's Lettra棉浆纸与140lb黑色加强纸粘合。名片
为全黑色，精心设计的Logo压花呈现出完美的效果。

　　上图中的婚礼邀请礼包由Mama's Sauce工作室
的品牌经理和室内设计师奥斯汀·皮托蒂设计。信封、盒
子和腰封为丝网印刷，其余为凸活版印刷。所有的印制采
用法国纸业公司的纸张，凸活版印刷采用豆油油墨，其在
Mama's Sauce工作室的环保理念中占重要地位。

（上图）时尚品牌Tamar Daniel的品牌和衣服标签：由Miller工作室的亚尔·米勒（Tael Miller）设计，威科夫的诺曼印刷机工作室（Normans Printery of Wyckoff）印制。

（下图和右图）Power to the People红酒标签：由Miller工作室的亚尔·米勒设计，印制在珍贵的生态纤维材料上。

MillerCreative

米勒创意工作室，美国新泽西莱克伍德

为芝加哥Dick & Harry公司的广告代理Tom设计的名片：迈克·麦奎德工作室设计。采用两种专色，在褐色牛皮纸上凸活版印刷和胶版印刷，边缘上色。

Mike McQuade

迈克 · 麦奎德，美国伊利诺伊芝加哥

Ryan Todd

赖恩·托德，英国伦敦

线上工作室New Found Original邀请伦敦艺术家和设计师赖恩·托德参与制作他们的第一件委托作品。托德说："我们都热衷于收集酒杯垫(beer mats)，因此决定以此为媒介，想创造出一款视觉华美的酒杯垫，适合放在家中茶几上。"

该作品用奥斯龙吸墨纸板(Ahlstrom Blotter board)双色凸版印刷，这种纸板吸水能力强，防止渗墨，适合做杯垫。由于印刷的过程和油墨，这两种颜色重叠形成了深色的阴影。这种巧妙运用透明度的手法令作品看起来更有层次。杯垫由美国明尼苏达州明尼阿波利斯市的Studio on Fire工作室印刷。

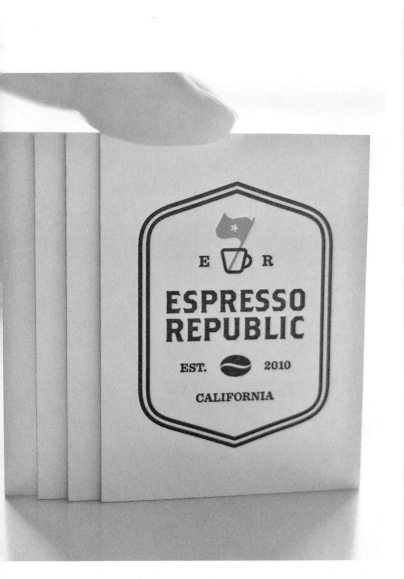

Salih Kucukaga
Design Studio

土耳其伊斯坦布尔

　　Salih Kucukaga设计工作室是由Salih Kucuka-ga（发Ku-chook-aah音）经营的个人工作室。

　　Kucukaga为洛杉矶的咖啡共和国（Espresso Republic cafés）设计了一系列品牌和标识。上图所示的名片是为咖啡共和国设计的一系列品牌标识中的一部分。像咖啡共和国这个品牌本身，名片设计主旨为非同寻常、清晰明了的美学体验。

　　同时它也包括咖啡共和国旗下子公司Dripp（专业咖啡零售商）和Black Goat（土耳其咖啡品牌）。名片由Studio on Fire工作室（见第74—77页），四周边缘涂橙色涂料。

聚焦凸活版印刷
Lambe-Lambe

巴西圣保罗

Lambe-Lambe在格拉菲卡·菲达尔加印刷。

曾经有一种传单广告在巴西广泛流行,大量的印刷工作室都有需求,Lambe-Lambe和北美凸活版印刷一样,很大程度上受到传统石版印刷的影响。

格拉菲卡·菲达尔加(Grafica Fidalga)是圣保罗的一家印刷商,也是巴西目前唯一一家为演出和活动制作海报并保留Lambe-Lambe传统的工作室。该工作室拥有者为毛里西奥和卡林霍斯,他们二人毕生致力于这一项独特传统的工艺。这家印刷工作室有一台1929年德国产的约翰内斯堡滚筒印刷机(Johannisberg cylinder press)。他们用这台机器印刷所有作品,从劳工党的每周材料到每年圣保罗狂欢节的海报,不一而足。

毛里西奥和他的团队继续为巴西地下艺术家制作美丽且具有标志性的印刷作品,用尤加利木手工制作每一个活字。将这些木制活字与文字和图像结合,他们制作出独一无二的分节墨槽凸活版海报,成为Lambe-Lambe的同义词。

格拉菲卡采用同样的纸张,专为粘贴而设计,各式各样的海报曾经覆盖圣保罗的大街小巷,宣传从音乐会到"Lucidor"摔跤等各种活动。圣保罗的"清洁城

艾尔托诺的Pixo Gratis活动海报

市"活动倡议减少传单和海报, 不顾美学传承, 引爆第二次"Lambe-Lambe"运动。尽管如此, 圣保罗当地的冲突文化画廊(Choque Cultural Gallery)向格拉菲卡·菲达尔加和Lambe-Lambe伸出援助之手, 它邀请艺术家与格拉菲卡·菲达尔加合作制作展览海报。

当西班牙街头艺术家艾尔托诺于2007年访问圣保罗, 冲突文化画廊邀请他去寻找一家Lambe-Lambe印刷工作室印制其海报。上图所示的海报名为"Pixo Gratis", 风格与他观察的城市街道一致。通过调整活字和金属字模的大小, 印刷商根据艾尔托诺写在一张纸上的文字进行设计印刷。

Lambe-Lambe主要是木块印刷。插图或绘画雕刻好, 并用活字组成和锁定后, 会用一小块金属楔入。然后用带油墨的印刷辊系统印刷, 配合使用九个不同层次的压力。一半油墨辊为一种色, 另一半为另一种颜色, 为Lambe-Lambe海报上的文字创造出著名的"dégradé"或者说"彩虹效果"。

2009年, 在圣保罗待了几天后, 巴西街头艺术家基德·艾克尼(Kid Acne)结识了冲突文化画廊。画廊好心提供场地和工作室, 作为回报, 基德·艾克尼帮助画廊打

（左图）Lambe-Lambe印刷作品装饰的伦敦的巴西巴厘岛餐厅（Cabana Brazilian）墙壁。

（下图）基德·艾克尼的Já Vi Pior（我见过很糟糕的事）和Melhor Que Nada（但好过一无所知）海报。

开了通往Lambe-Lambe世界的大门。

基德·艾克尼的Já Vi Pior（我见过很糟糕的事）和Melhor Que Nada（但好过一无所知）海报（见上图）印刷在质量不同的纸张上，这些纸张通常用于Lambe-Lambe印刷。一批印刷作品采用250gsm优质四色纸张丝网印刷，带有基德·艾克尼标志性的"Stabby Woman"印记。后来，他带来一批早期印刷品，与其他Lambe-Lambe海报和街头艺术张贴在一起。

戴维·庞特（David Ponte）是位于伦敦斯特菲尔德中心和圣吉尔斯的巴西餐饮集团Cabana的联合创始人。他也是通过冲突文化画廊了解到Lambe-Lambe工艺。"我们和建筑师一起去圣保罗考察，参观他们的画廊时，见识了这一工艺。我们走下一段狭窄的楼梯，看到地下室的墙壁上贴满Lambe-Lambe海报。他们帮我们联系了格拉菲卡·菲达尔加工作室，然后安排了会面。这对我们来说是最棒的巴西创造。之后我们大概跟他们说了我们是做什么的，然后花了整整一天看他们活版胶印和跳桑巴舞。"如今，伦敦卡瓦纳餐厅（Cabana's London restaurants）的墙上装饰着个性化的Lambe-Lambe印刷品（见上图）。

凸版
印刷

凸版印刷术使其他所有印刷方式都过时了，它从根本上来说是所有其他印刷手段出现的原由。由于其相对简单的操作过程和便于生产而倍受青睐，凸版印刷不仅需要正规培训，还要求专业的设备，要求每个从业者怀抱想象力和耐心投入到操作过程中。许多凸版印刷品都能用简单的工具手工压成，如碾子或复印滚筒。凸版印刷品的特征是粗的、对比鲜明的图像，它们的实现归因于在生产过程中所使用的切割与雕刻的方法。常用的凸版印刷方式有木刻版画、木口木刻和麻胶版画（linocut printing）。

凸版印刷的历史

版画复制的开始

纸张发明于公元2世纪的中国，因此，中国成为第一个广泛生产印刷制品的国家。然而，记录显示最早的凸版印刷行为早于中国几个世纪。考古学家发现，早于公元前800年的资料显示古代墨西哥的奥尔梅克文化在印刷时使用黏土模子，而埃及王朝则雕刻木质图章用于印制纺织品。

公元868年的金刚经（Diamond Sutra）被认为是尚存的最早的印刷品。它是雕版印刷而成，而涉及这项专业技术的作品强烈表明了这种方法在当时已经众所周知了。不久，中国的印刷制品传到了日本，为可能是最有名的传统木版——日本木版画（Japanese woodblock prints）的诞生创造了条件。

17世纪，日本的雕版印刷被艺术流派浮世绘（ukiyo-e）所控制，由诸如菱川师宣（Hishikawa Moronobu）等艺术家推广。制作浮世绘，木印版着黑色，在作品干透后手工添加彩色的图案。不像今天，印制过程一般都是由专业人士完成，当时的每件作品都是按照他们自己的特殊方法完成的。

通常艺术家会创作印刷的样式，然后将最终的图纸交到经过特殊训练的雕刻师手中。雕刻师是顶尖的能工巧匠，要经过十年的学徒期才能晋升为受人尊敬的大师。印刷过程的第三阶段，雕刻师将刻好的木印版交给印刷师，由经验丰富的印刷师来完成最后的印制。

菱川师宣，拥抱的恋人，约17世纪80年代，木刻。

欧洲的凸版印刷

欧洲的印刷方法是从遥远的东方借鉴而来，与日本印刷品的印制过程相仿，一开始委托一位艺术家，然后是雕刻师，最后是印刷师。15世纪中期以前，印刷品是单张纸印制的。而随着约翰内斯·古登堡的活字印刷术的发明和改进后的装订术，没过多久雕版印刷的书籍或称"木版书籍"便出现了，而后传遍整个欧洲。

这一扩张使版画复制过程中的传统工匠角色受到挑战。阿尔布雷特·丢勒（Albrecht Dürer）、保罗·高更（Paul Gauguin）和爱德华·蒙克（Edvard Munch）等艺术家，希望能够参与到作品的方方面面，他们亲手完成的木刻印刷本身就是一种艺术形式。这些大师通过运用新技术推进版画的不断突破，其中包括绝版木刻。

在绝版木刻过程中，一块版会用于印刷多层颜色。版会被切掉一部分，然后重复多次印刷。在被进一步切掉和印制另一种颜色前，会将木版冲洗一遍。这个方法会持续到最终图像完成为止。因为所有不同的图像部分都来自于一块版，所以需要考虑到更准确的调整，以及复杂细部的完美嵌套。这种方法的缺点是一旦图案已经转移到下一层，就不能再进一步印制了。艺术家开始对印刷品标记单独的数字代表版次。伴随着木版的减少不能再使用了，在艺术的世界里"限量版本"的印刷品变成了炙手可热的选择。

版画家用刻刀（Burin）雕刻一块木板。

木口木刻

木刻是版画家使用刀子和其他适合的工具，在软质木材上雕刻图案。在欧洲，山毛榉木材应用很广泛。在日本，多使用一种特殊的樱桃木。在木口木刻（wood engraving）中，制作木版的技术不同于木版画，它使用特殊的雕刻工具制作出很细薄的、精美的线条。木刻艺人开始知道如果雕刻一块木头的横截面就能实现高水准的细节，与之相反的旧方法的木版画，使用的则是木头较软的侧截面。

随着18世纪木口木刻的发展，如托马斯·比维克(Thomas Bewick)一样的艺术家开始高度关注在他们的作品中达到的细节和技术的水准。比维克用硬质木材雕刻作品，而不是之前所使用的。艺术家们也发现，木口木刻相较其他常用的基底不太容易磨损，如钢版。另外，木版需要按照活字的高度安装妥当，并且要使用符合标准的印刷机运转。将版式和活字一起设置在木版内，意味着印制数以千计的复制品的木版只会产生些许磨损。在此期间，越来越多的先进工具和印刷机被研制出来，导致更广泛的印刷材料的出现，还附带图文并茂的描绘性说明书，地理场景和工艺流程被广泛普及。

阿尔布雷希特·丢勒，四位启示者，约1497—1498年，木刻。

油布

如今,可能在凸版印刷中应用最广泛的材料当属油布,也称作漆布。19世纪中期,英国人弗雷德里克·沃尔顿(Frederick Walton)发明了一种由可再生材料构成的新材料——主要是固态亚麻子油和栓皮粉,基质为粗麻布或帆布。这种材料最初是准备用于防水底板和墙纸的,而到了20世纪,版画界巧妙地发挥出这种没有纹理且耐用的物质的潜力。层出不穷的艺术家们开始制造亚麻油毡浮雕版。然而,许多在艺术社区的艺术家放弃这种方法,声称由于这个过程很简单和容易而缺乏挑战。亚麻油毡浮雕版由于缺乏个性而备受批评,这是因为油布缺乏纹理导致的,而有棱角、有纹理的木版画和雕刻品首次将注意力放在了凸版印刷上。

谢天谢地的是,一个特立独行的实验性质的新艺术家团体使用这种材料,如亨利·马蒂斯(Henri Matisse)和巴勃罗·毕加索(Pablo Picasso),在20世纪50年代将亚麻油毡浮雕版提升到一个既定的艺术形式。今天,亚麻油毡浮雕版再一次成为版画中极受欢迎的形式。油布有很多优势,它提供了一种廉价和健康的明确的印刷技术。这令它能广泛用于教育机构和艺术项目,因为这种简单的媒介便于快速掌握。

托马斯·比维克,《英国鸟类史》第二卷中的一只鸭子的雕版(engraved block),约1800年。

工艺流程简述

凸版印刷可以采用多种多样的方法和材料。最常见的木头和油布可以用来生产凸版印刷的"基底"。然而，大量的其他材料一样可以产生良好的效果。

在木版画中，诸如白杨和梨木之类的软木很常见。如枫树和橡树之类的硬木则在艺术家们的木口木刻作品中广泛使用，因为它们可以雕刻出非常精美的细节，并且很耐用。

1
材料和工具

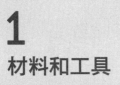

凸版印刷的重要设备：

— 一个浮雕的"基底"：也就是说，用于木版画的木材、用于亚麻油毡浮雕版的油布

— 刻刀

— 各种形状的切割凿（gouges）：如U形和C形凿

— 砂纸

— 抹刀

— 手工印刷用的抛光工具，如压印垫板（baren）

— 着色油墨

— 马克笔

— 印刷油墨

— 清洗溶剂

— 复写纸或其替代方法，将图案转移到基底上

— 印刷机

2
制作基底

"基底"本质上就是木版或薄板，承载着印刷的内容。有很多方法能够将图像誊在木版上，包括直接绘制（直接画在木版上，然后雕刻切割）和誊移方法（transfer methods，先设计好图样，然后将图样誊移至木版上，再雕刻切割）。

3
为图像准备木版

大多数表面在应用任何处理方法前都要做些准备工作，通常这些准备对切削加工有帮助。在木版画中，表面会染一种颜色（如红色）来帮助划分区域，不过一旦图像被转移至木版上时它们会被切掉。由于同样的原因，艺术家们使用印度墨水和油布创作时，通常会在表面涂一层薄薄的白色石膏。

这些过程通常需要消除或打磨表面，以便去除一些残留物。有过度纹理的区域或有石膏涂层（gesso coating）的油布上，绘画技巧就

会在印制过程中凸显出来，因此，在图像誊移之前，需要一个平滑的表面。

4

誊移方法

大多数的誊移方法都有一个前提：图像誊移至木版上时，应该是原始艺术作品的"镜像图"。这一点一定要牢记，无论任何印刷工作都是这样。

绘画转移是最基础的方法。如木炭、石墨或彩色粉笔一般柔软的绘画材料，用于纸面上的图像创作。图像面朝下放置在木版上，然后用铅笔或者抛光工具将图像誊移至木版上。一柄木勺或压印垫板也可以

实现，铜版印刷机也可以。一旦誊移完成，在切割之前用马克笔将图像巩固一下。

复写纸转印（Carbon transfer）是一种更利于细节表现的誊移方法，可以达到对非常精细的图案几乎分毫不差的誊移效果。将一张复写纸放置于原画稿和木版之间，然后摹写原画稿，复写纸上的一层就会印在木版上。在这种情况下，转印的结果不是原稿的镜面图像。因此，这是一个映描镜面影印本的好办法。此外，可以使用一支马克笔或印度墨水，从头至尾将图像巩固一下，以便易于切割。

5

切割木版

用于切割模板的工具有很多种。选择取决于两方面：木版的材料和想要达到的艺术效果。要记住的很重要的一点是，你所使用的刀子或凿子仅仅是一个绘画工具，它可以在黑色背景上画出白线。如果你希望模拟出更加传统的如日本版画般的细黑线条，那就需要在使用凿子清除围绕在线条周围的区域之前，先使用刀子切割线条的两侧。

用于切割的工具始终保持锋利至关重要。如果刀片不够锋利，就会与木版材质形成抵抗力，这会要花费很多不必要的力气。刀片即使是在钝的时候也很容易对手造成严重的伤害。

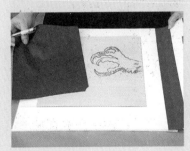

着力的溶剂可以印制出线条分明的图像。专门定制的油基油墨可用于凸版印刷，有些平版油墨也可以使用。近些年，对油墨的要求日渐提高，水基油墨得到明显改善，无需添加有害溶剂就可以清除。现在针对凸版印刷的干燥时间较慢有一个较好的选择，水基油墨已经可以到达与油基油墨相似。

6

重要的工具

对木刻艺术家来说，刀片是非常重要的用于轮廓区域的工具，其后会使用凿子对轮廓区域进行清理。在木头的表面刻划出网格图案可以创造出着色区。

凿子有很多不同的形状，每种形状都对应着特定的任务。如需清理大面积区域，"C"形凿子是最合适的；如细线等局部工作，或者切割细窄的路径，则常用"U"形

凿子；如果是处理纹理，或是修改图形的细节，那么"V"形凿子最好。"V"形凿子是最容易将木版上的木质和油布去除的，尽管极细的线条需要花费很多时间。

8

滚墨及给版涂墨

着墨需要使用一个叫作"滚筒"（brayer）的橡胶辊。用抹刀使油墨在光滑的金属片或玻璃片上直线铺开。滚筒来回滚动，直到油墨均匀覆盖大面积。油墨需具有平滑和柔软的稠度。如果有类似橘皮表面的肌理，就需要更厚、更多次的滚动。这时木版被滚筒着上了油墨。着墨过程不断重复，直到同样柔软的肌理从玻璃上显现到木版上。

7

选择合适的墨水

使用相对浓的墨汁，凸版印刷的效果会很好。在墨汁中加入高黏

9
印刷

印刷同样也可以运用很多方法来实现。使用抛光工具的手工印花是最简单的选择。然而，这是一个缓慢的、物理的过程，所以印刷机越来越常用。铜版印刷机、垂直压力的平压印刷机和滚筒印刷机均可以实现良好效果。每种方式都有其自己的套准系统，但它们都有相同的印刷过程。

首先，木版面朝上放置在印刷机床上。在适当的位置着墨。这时，用手将纸张固定在木版的上面。滚筒包封或橡胶滚筒放置在纸张上加压，保护来自木版的压力以及印刷机上的纸张。然后，机床在印刷机和压力的应用下被碾压。最后，小心移走完成的印刷品，放置在干燥区域。

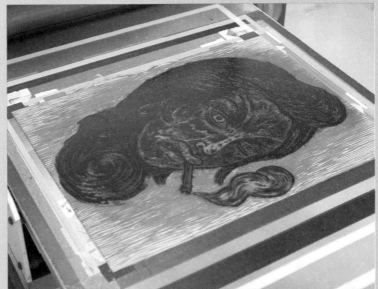

1/100

James Brown

詹姆斯·布朗，英国伦敦

1/100   2011

（左页）牦牛（Yak），麻胶版画，17cm×17cm，限量100件。

（上图）鹰（Eagle），麻胶版画，17cm×17cm，限量100件。

　　詹姆斯·布朗是来自密德萨斯大学的纺织品印花设计师，在这里他得以尝试所有的表面的装饰物。毕业后，詹姆斯做过几年的自由纺织品设计师；2007年，他决定离开服装业，成为一名插画师。

你的工作跨越数字与版画媒介。你认为手工制造的审美是关于什么的，你做什么来吸引人？

我想，确实在人们的心中，我的视觉参考和印刷技巧是常见的。我常常为了寻找灵感而回顾过去，我希望它不是通过东拼西凑的方式获得成功。而且，我喜欢我的作品看起来像是印刷而成，这赋予它们不同的个性。我喜欢看到一种颜色印在另一种之上，或者轻微的套印不准，我认为这些细节是人们所期待的。轻微的缺陷于我有益。

你因你的麻胶版画而为人所知。你为什么要选择这种媒

介呢？

我的第一件麻胶版画是《提示卡》（Cue Cards），所有的提示卡都是单色印刷，鲍勃·迪伦将其收录进了专辑《隐秘的乡愁布鲁斯》（Subterranean Homesick Blues）中。所有图片都是从屏幕上截取的，希望用我的手来重新制作它们而不是加网印刷净化后的数字图像。将他们描摹在油毡上，然后手工切割，我似乎觉得字体变成了我自己的，而不是一个直接的数码副本。印刷之前，我已经将其加网印刷，并为艺术作品添加了做旧肌理。随着油毡的印制，所有我计划效仿的缺陷都自然而然地发生了。

麻胶版画，与它的使用数字菲林和正片输出的姊妹媒介——加网印刷相比，是一种劳动密集和极其耗费时间的版画复制形式。对于那些正在考虑将电脑屏幕上的数字设计转向油布的人，你有何建议？

詹姆斯•布朗在使用布莱克•斯蒂芬森打样机工作

我所有的作品都用电脑设计。我确实有将数字图像置换到油毡的方法，但这是最高机密！没什么新鲜的，只是一个在古老中国和日本经常使用的制作复杂木版的方法的升级版。

你的许多作品都是有很多件的。你对关于多版的话题，与制作独一无二的作品相反怎么看？对于不限量版你是什么态度呢？

我的作品有些是有很多件的，也有一些是不限量版，我认为两种都很好，但我尝试将区别表现在我收取的价格上。我喜欢版画是因为它可以制作很多件，可以提供给更广泛的观众，在不限量版中想多广泛有多广泛。

詹姆斯•布朗

布朗在布莱克•斯蒂芬森(Blake Stephenson)打样机上打印，它有一个固定滚轴，所以机床需要调整铅字高度以便适应油毡。它老旧、磨损的滚轴上有划痕和刻痕，所有这些都会表现在印刷品上，为图像添加最终的个性色彩。"因为我的印刷机的套准程序不是100%的准确，所以我将油毡切割了许多'补漏白'。这意味着，当一种颜色印在另一种颜色上时，重叠的地方会产生一种非常棒的光泽。"布朗解释说。这种效果可以从他的版画作品《牦牛》(P.136)中红色与黑色重叠的地方看到。

"我使用GF史密斯出品的光面天然135gsm纸。它非常光滑且将墨水控制得非常棒。135gsm的厚度意味着所有印刷机滚轴上的痕迹都可以被捕捉到。"在没有深思熟虑尝试了水基油墨后，布朗倾向于美国图形化学油墨有限公司(Graphic Chemical Ink Co.)出品的油基凸版印刷油墨。

Roman Klonek

罗曼·克隆克，德国杜塞尔多夫

（前一页）准备好了！（Ready!）木刻，25cm×35 cm

（左图）CW玩具（CW_Toy），木刻，38.1cm×48.1 cm

（右页上图）观察者（The Observer），木刻，68.8cm×47.4 cm

（右页下图）不同制作阶段的木版印制，观察者，运用绝版木刻技法，所有的颜色都印制在一块简单的版子上，随着每种颜色的印制，版子被逐步地切除。

　　自20世纪90年代初开始，波兰血统的木刻艺术家罗曼·克隆克的作品不断发展。年复一年，他的作品稳步提升。今天，他在自己的位于德国杜塞尔多夫的共享工作室空间 Dadaluxe 里，每一个月创作两至三件作品。

木版印刷可以追溯到数千年前现代凸版印刷的起源。是什么驱使你如此积极地在作品中使用这一媒介？
它可以让我平静、满意（我不太擅长使用电脑），它简单且很适合木质作品，我对这种材质有特殊的偏好。另一个原因是作品中的小缺陷有着特殊的魅力。木质表面的不稳定性和色彩应用会导致随机误差的典型外观。

展览，在一旁销售，许多今天最有名的艺术家和当代设计师。你是否觉得木版画和凸版印刷正在作为一种当代图形艺术形式而获得一种新的认可？
看起来是这样的。现今几乎所有都是数字的，我想有时人们会对此厌倦，而对某些手工制品心生同情……尤其是在没有必要的情况下，因为现今有很多简便的方法复制绘画作品。我能看到对仿旧系统有种普遍的新的热情在增长。它们用透明和率真获得吸引，并且人们对它是有渴望的。所以，木刻真的不新鲜了是当然，但它的语境是新的。

你的作品是运用减版的方法制作的。对于那些读到这些的人，对于版画制作是不熟悉的，你可否简要介绍一下它的意思？
首先，删除所有应该保持白色的区域。然后，印制第一种颜色。接着，删除应该留下第一种颜色的区域……以

 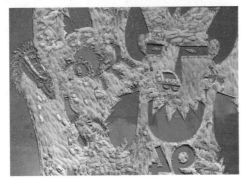 

此类推，直到版子减少到只有最后一种颜色的区域，主要是黑色。减版方法的一大优势在于你只需要为所有颜色准备一块版子。好的效果是底层色彩透过图层闪闪发亮。另一个很好的东西是每一层都有不同的表面，从有点哑光的（第一种颜色）到发光的（最后一种颜色）。

你的作品与苏维埃和远东的影响有关。你可以告诉我们这些图像的灵感源于何处吗？

我出生在波兰，伴随我成长的是很多波兰和俄国的动画片（我们没有电视，但是我父亲是超级八毫米胶片爱好者，收藏了很多动画片）。很长一段时间我都没有意识到这种影响，但在学习期间我意识到我的许多画作都有这种简单的东欧卡通风格。2004年的夏天，我在莫斯科画了很多画。我开始着手包括斯拉夫字母排版，并

且意识到它匹配得非常好。这种影响对于我来说是一种……我叫它"异想天开的放大"。对我来是它是好的影响……嗯，是的……顺便提一下，当然我知道我的画上的字是什么意思。

罗曼·克隆克

在主题上，克隆克的图像可以大致分为两种主要类型：肖像和"现场"。他恰当地描述他的作品为"政治宣传、民俗和流行之间的一种奇异的平衡法"。

"在木刻印刷中，我喜欢绝版木刻的技法"，意思是只用一个版子上印刷所有色彩。其优点是你只需为所有颜色准备一块版子。缺点是，在印制完成后，一旦已经雕刻好了下一层后，你无法回头，无法制作任何更多的。

Tugboat Printshop

美国宾夕法尼亚州匹兹堡

梦中船（Dreamboat），来自合作系列《湛蓝深海》（The Deep Blue Sea）：木刻版画，浅粉红色阿图罗纸，33cm×43.2cm。限量100幅。

以匹兹堡为活动中心的木版工作室Tugboat版画店由保罗·罗登（Paul Roden）和瓦莱丽·卢斯（Valerie Lueth）经营。他们的合作开始于2006年。

左页图，《美丽的美利坚》是在Tugboat版画店收到一封"希望清单：华盛顿"（Manifest Hope: DC）的私人邀请后构想出来的，这是一个为了庆祝第44届美国总统就职典礼而举办的艺术展览。图像通过五个手绘、手刻木版印制在乳白色赛摩萨特纸上，使用了各种各样的刻蚀、浮雕和平版印刷油墨。现在限量200件发售。

Tugboat的木刻步骤的第一步是直接用铅笔将图案绘制在四分之三英尺的桦木胶合板木版上。在用专业的木刻手工工具雕刻出负形之后，用一只小的毡头马克笔给画面上墨。木版表面滚上墨汁，把纸铺设在潮湿的墨汁上。然后流过印刷机，由此将图像转移到一块新的木质版上。每种颜色的版都经过这个过程才算完成，着了色的和根据将要印制的颜色雕刻好的版。版一层一层叠放印制，重叠产生具有透明度的新颜色。

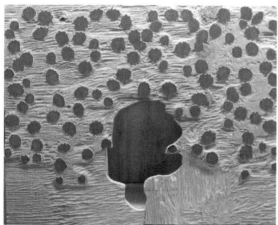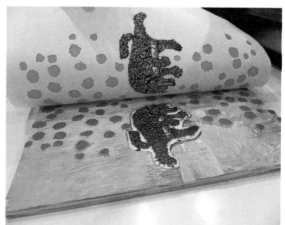

大、坏狼（Big, Bad Wolf），木刻版画，日本喜多方纸，40.6cm×52.1 cm

Nick Morley

尼克·莫利，英国肯特郡马尔盖特

　　尼克·莫利是一位艺术家和插画家，也是当代麻胶版画的一位充满激情的代表。他竭尽全力教授和促进麻胶版画，旨在改变对这种被低估的媒介的看法，探索多种多样的视觉效果的可能性。他还是著名的麻胶版画博客"浮雕男孩"的管理者。

　　莫利受帕尔格雷夫·麦克米伦出版社的委托，为一本关于希区柯克的电影《迷魂记》的书设计封面，BFI电影经典丛书其中之一。这是为了庆祝20周年系列，邀请艺术家和设计师重新设计的12个封面的其中之一。

Bill Fick /
Cockeyed
Press

比尔·菲克/库克德出版社，美国北卡罗莱纳州达拉谟

比尔·菲克是库克德出版社的创始人、负责人，有间工作室在北卡罗来纳州的达拉谟，专门从事麻胶版画印刷品。

连续20年，菲克致力于超图叙事版画，内容关于各种讽刺和社会政治主题。他尤其对介于低俗艺术与纯艺术之间的作品感兴趣。他最近的作品多集中于可怕的怪物图像，这反映了社会中日益增长的对所有不同和不熟悉事物的恐惧和焦虑。这些图像以多种形式出现，包括印刷品、T恤衫、海报和纹身。

菲克用铅笔、马克笔和画笔与墨水，将图像直接画在一张油布上，然后用手持凿子雕刻图像，接着用铜版印刷机印制。他相当喜欢油基版画油墨，印制的纸张从欧式风格的棉纤维纸到日本构皮纸不等。

2011年的印刷作品Skullarek #2以及骷髅头（迷离眼神，左图）是一组怪物系列的一部分，菲克过去十年都沉浸于这些作品。两件作品尺寸都是76.2cm×55.9cm。尽管图像是有版次之分的，菲克还是会将印版用于其他目的，比如印制T恤衫（上图）。

ALEX CLARE
THE LATENESS OF THE HOUR

Tom Hingston Studio

汤姆·欣斯顿工作室，英国伦敦

ALEX CLARE

TOO CLOSE

亚历克斯·克莱尔
CD封面: 艺术指
导和设计为汤姆·
欣斯顿工作室。
插画由安德鲁·戴
维森（Andrew
Davidson）绘制。
客户为环球岛唱片
（Universal Island
Records）。

汤姆·欣斯顿是一位伦敦的名副其实的创意总监和平面设计师。1997年, 他创立了自己的设计公司——汤姆·欣斯顿工作室。工作室受环球小岛唱片委托, 担任音乐家阿历克斯·克莱尔的《为时已晚》(The Lateness of the Hour) 专辑宣传活动的艺术指导和设计。工作室构思了一系列图文并茂的故事, 形成了广告中每个版本的封面图像, 涵盖各种单曲以及专辑《LP》。

在工作室中构思好每个情景后, 再交由欣斯顿工作室委托的插画家安德·戴维森（Andrew Davidson）为项目创作一系列木版画。每一幅作品均采用法国和日本两种纸张。戴维森将插画雕刻在英国黄杨木块上, 并在其位于格罗斯特郡斯特劳德市的工作室中, 用一台1895年产的阿尔比恩（Albion）手动压机来印刷。印刷成品返回汤姆·欣斯顿工作室, 使用数字化完工图纸扫描并排版。

Stanley Donwood

史丹利·唐伍德，英国伦敦

（顶图）失落洛杉矶（Lost Angeles，局部细节），失落城市系列作品之一：油毡浮雕印刷，长5.5米。

（上图）伦敦一览（London Views，局部细节），失落城市系列作品之一：14部分油毡浮雕印刷，每部分尺寸为75cm×140cm。

（最左图）用于印制《伦敦一览》的油毡，以金丝雀码头、"小黄瓜"（圣玛丽·艾克斯30号大楼）、中心点大楼和电信塔等地标为特色。

（左图）佛理特街天启（Fleet Street Apocalypse）：油毡浮雕印刷，尺寸为64cm×97cm。

此处展现的作品来自于"失落城市"系列作品，由英国艺术家史丹利·唐伍德创作。系列之一《伦敦一览》已被电台司令乐队主唱汤姆·约克名噪一时的个人专辑《橡皮》采用。采用印刷品作为封面艺术作品，为它赋予了新生。《伦敦一览》原本只作为麻胶版画，它还被汤姆·约克的XL唱片公司复制，作为壁画装饰伦敦办公室，同时还在各种市场宣传材料上出现。

唐伍德继续创作"失落城市"系列，着手制作更具有冲击力的项目——失落洛杉矶，长5.5米的麻胶版画，内容为在大火、洪水和流星风暴中被摧毁的洛杉矶，采用类中世纪风格。唐伍德说："部分创作灵感来源于迈克·戴维斯的书《恐惧生态——洛杉矶与臆想之灾》，但主要的灵感还是来源于目前我们都用极其愚蠢的方式生活这一事实。"

《伦敦一览》和《失落洛杉矶》都由两台阿尔比恩印刷机印制。这两台印刷机太长，都是手动抛光。

Studio Arturo

意大利罗马

Arturo工作室的业务包括插图和印刷,以麻胶版画和其他形式的凸版印刷为特色。工作室位于罗马新兴的艺术街区阿图罗皮内托。

此处展示的图像都是印制在T恤衫和纸上的"热辣"系列麻胶版画,专为Arturo的2012年度夏季系列而创造。该项目为麻胶版手工印制作品《阿图罗的圆凿》(Le Sgorbiedi Arturo)的一部分。

工作室想采用一种传统方法来创作绘图,同时与T恤衫、书籍等新型产品相适宜。塞西莉亚·坎皮罗尼(Cecilia Campironi)说:"我们的目标客户有这样的需求,用勤奋和满怀激情手工创造出独一无二的产品。"塞西莉亚·坎皮罗尼和埃伦娜·坎帕(Elena Campa)、阿马利亚·卡拉托泽洛(Amalia Caratozzolo)、伯纳迪特·莫斯(Bernadette Moens)一起创立了这家工作室。

书籍在罗马"Crack"国际漫画节展出,为期四天。

Che bella vista panoramica!

¿Cómo es ésto posible?

Endi Poskovic

恩迪·珀斯科维奇，美国密歇根

（左上图）海边阳光灿烂的日子，橙色、蓝色和红色（Sunny Day Over the Bay in Orange and Blue with Red）：尺寸为95.3cm x 130.8cm。

（左下图）若这不是我，深黄和红色（If This Be Not I in Deep Yellow with Red）：12色4版印刷，选用Kozoshi纸张，尺寸为63.5cm x 99.1cm。

（上图）守夜人，粉红色小山丘和大块灰色的云（Night Watch with Small Mound in Pink and Large Cloud in Gray）：12色4版印刷，选用Kozoshi纸张，尺寸为33cm x 48.3cm。

（左图）珀斯科维奇为彩色的凸版印刷着墨。

　　恩迪·珀斯科维奇的凸版印刷作品的关键元素在于独创的短语和标语，用木料制作，印制在图像下方。这些标语风格或现实或浪漫，或二者结合，采用日耳曼语，旨在吸引目光，呈现出虚幻又真实、理智又荒谬的效果。这些短语搭配着独树一帜又抽象的图像，比如冰山、乌云、水和齐伯林式飞船，营造出时间和空间交错之感，同时呈现出记忆和移动的概念。

　　珀斯科维奇的印刷技术采用四块单独印版。前三块采用混合彩色着墨，相互交叠，使他的作品鲜活生动，呈现出如落日和地平线一般的图像。最后一块印版包含主要的图像和文字，将黑色印刷于顶部完成作品。

John C Thurbin

约翰·C.舍宾，英国肯特

这些作品由插画家和浮雕艺术家约翰·C.舍宾在家庭凸版印刷工作室中制作，该工作室由凉亭改造，功能齐全。舍宾的作品被选中，在 Concrete Hermit X Lomography 的展览中展出。2012年夏天，该展览由Lomography位于伦敦斯皮塔佛德市场的分店举办。

"母亲"（左图）和"Zissou团队"（右图）采用油基凹版印刷油墨和法比亚诺艺用 200gsm光滑细纹乳白色纸印制。

Jane Beharrell

简·贝雷尔，英国北林肯郡温特顿

　　作品"狐狸、红色和蓝色"由简·贝雷尔创作，旨在体验使用重叠色彩来创作两幅不同的作品。将图像打样数次，并修改几处细节之后，她采用白色泽卡尔纸（Zerkall Paper）和卡利戈凸版印刷油墨进行印制，限量发行20份。她在红色墨水中使用增量剂，使底层的蓝色渗透出来，造成深红区域，呈现出作品的透视效果。

live from bklyn

美国纽约布鲁克林

设计师、插画家和印刷商戴利·克拉夫顿（Dailey Crafton）来自位于布鲁克林的"live from bklyn"设计工作室，采用独特的方式来捕捉威廉斯堡最具有建筑特色的家庭之美（见左图）。此地正毗邻布鲁克林，他拍下建筑正面，再为每一栋建筑创作八份独特的插画。这些插图面朝下置于油毡版上，进行抛光。再将印版进行裁切，注入甘布兰凸版油墨，再使用压印垫板手工印制于茶巾之上。茶巾选用原色100%棉制耐洗材料。展开尺寸为71.1cm×73.7cm。

"克拉夫顿一家"卡片（见上图）一套五张，灵感来源于20世纪四五十年代的家庭摄影。使用速度球台式印刷机、甘布兰凸版油墨和康颂版本纸张印刷。

Luke Best

卢克·贝斯特，英国伦敦

　　卢克·贝斯特工作室位于Peepshow集团旗下，为了2012年伦敦平面艺术展"Pick Me Up"，一些插画家在当地成立了该工作室。这里展示的墙纸为卢克·贝斯特工作室为艺术展创作的部分凸版印刷系列作品。每一个元素都是单独剪裁、上墨并置于纸上。之后使用印刷机印制，重新上墨，然后凭眼睛决定重新放置的位置，因此复制品的质量不一。整卷墙纸都是先印好一种颜色，再印另一种颜色。

　　卢克·贝斯特工作室发现流程中最大的问题是处理和晾干长长的一整卷墙纸。

Joshua Norton

乔舒亚·诺顿，美国明尼苏达州明尼阿波利斯市

　　乔舒亚·诺顿是一位美国艺术家、印刷商和设计师。诺顿擅长印制色彩浓烈的木刻印刷平面海报作品。这些作品来自于"诺顿的怪物一览"系列，创作灵感来源于其对旧式恐怖电影的热爱。雕刻好作品后，他将图像放到木质印版上，每一个人像雕刻三块印版：一块关键印版（线条印版）和两块背景色印版。每一幅印制品的尺寸为13.3cm×19.7cm，使用Linoscribe印刷机手工印制在丽芙厚纸上。

Daniel
Allegrucci

丹尼尔·艾勒格鲁奇，美国北卡罗来纳夏洛特市

　　作品"官僚肖像"(Portrait of a Bureaucrat)为五色木版画，由艺术家丹尼尔·艾勒格鲁奇创作。他通常从一张波罗的海的桦木胶合板着手，用铅笔直接在木板上作画，然后才开始上色和雕刻。艾勒格鲁奇使用的工具套件包括一把简单易用的"V"型圆凿、一把单手可握住的"C"型圆凿和一把手持雕刻刀(见顶部左图)。完成细节部分之后，他用虫胶将该版块封好，并轻微磨砂处理。

　　第一版印制完成后，艾勒格鲁奇将图像平板印刷至多块空白木板上，变成彩色印版(见顶部右图)。

　　之后，每一块彩色印版使用一台大型铜版印刷机进行印制。在套准时，艾勒格鲁奇使用轻薄的胶合板和泡沫芯层制作夹具。因此，他可以使用石版工发明的改良版"T"型套准系统(见上图)。

Lubok Verlag

鲁保出版社，德国莱比锡城

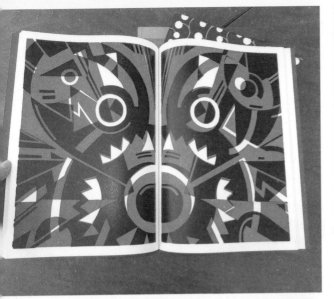

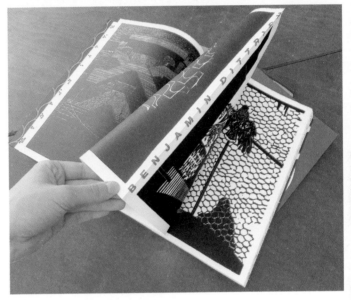

（左图）Lubok书籍封面，克里斯托夫·鲁克哈伯利/托马斯·西蒙（编辑），Lubok 1–8，2007–9，克里斯托夫·鲁克哈伯利（编辑），Lubok 9–10，2010–11。

（顶部左图）创作者克里斯托夫·鲁克哈伯利（编辑）Lubok卷10，2010，托比亚斯·雅各布。

（顶部右图）创作者克里斯托夫·鲁克哈伯利（编辑）Lubok卷10，2010，斯特凡尼·莱因哈斯。

（左上图）创作者克里斯托夫·鲁克哈伯利（编辑）Lubok卷9，2010，凯里纳·施灵。

（右上图）法式折叠装订：创作者克里斯托夫·鲁克哈伯利（编辑）Lubok卷9，2010。

　　2007年，经典的"Lubok"系列平面作品第一期发布。2011年1月，第十件麻胶版画"Lubok 10"发布。每一卷中包含不同艺术家创作的麻胶版画，大部分作品是由"Lubok"的创始人克里斯托夫·鲁克哈伯利（Christoph Ruckhäberle）在莱比锡城的艺术现场创作。

　　该书由托马斯·西蒙（Thomas Siemon）在其工作室中印制，使用1058 Präsident滚筒印刷机印刷原始印版制成。300至1500份的大印量，使得出版社能以合理的价格销售书籍。截至目前为止，超过140位艺术家参与了"Lubok"系列作品的创作。

　　书籍由当地装订工采用日本装订的一种形式，折叠页粘贴在书籍上，而不是缝在上面。这一过程被称为法式折叠装（French-fold binding），由于其技术原因和传统日式木版印刷书籍的怀旧风情，颇受"Lubok"系列作品的欢迎。

Wolfbat Studios

美国纽约布鲁克林

　　2001年, 丹尼斯·麦克特(Dennis McNett)在纽约布鲁克林成立了Wolfbat工作室。他的平面美学和对叙述性作品的热爱已被翻译成多国语言, 在全世界范围内展出。丹尼斯的作品范围涵盖范围广泛, 从面具、装置艺术、表演和雕塑, 到别具一格的手工木雕、传统凸版印刷和平面绘图, 不一而足。作品"传奇维京巨轮"(见左图)因参与曼哈顿、费城、堪萨斯城和圣路易斯的街头游行和表演而闻名遐迩。

　　平凡主角滑板公司邀请丹尼斯为他们的滑板创作了一系列木版印刷作品(见上图)。

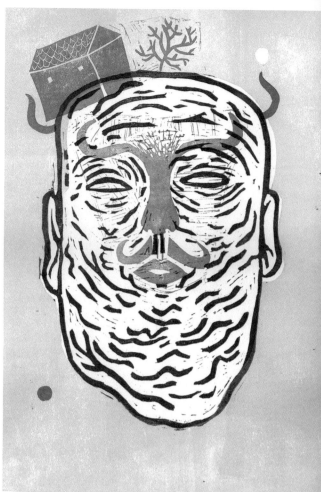

Yoirene

意大利罗马

（顶部图，从左到右）面具系列：无政府主义者、父亲、骗子和士兵
（Masks series: Anarchist, Father, Liar and Soldier），创作者伊雷内·里纳尔迪 – Yoirene。

（底部图，从左到右）：我的家庭系列：鸟、鼹鼠和熊（Mi Familia series: Uccello, Talpa, Orso），创作者伊雷内·里纳尔迪 – Yoirene。

Yoirene是一位意大利插画家和印刷商，本名为伊雷内·里纳尔迪(Irene Rinaldi)。以上这些作品为她的麻胶版画《面具》系列的一部分，是为罗马帕拉丁剧院门厅创作的海报。每一个面具代表一个喜剧"dell' arte"中的角色，创作灵感来自于意大利戏剧传统和丰富多彩、纯粹天真的民族面具。该麻胶版画限量发行，选用Charbonelle印刷油墨和格拉菲亚纸，每一幅作品的尺寸为50cm×60cm。

蚀刻版画系列作品《我的家庭》（见左下图）创作于在去往位于意大利卡斯泰洛城的一家古老印刷工坊——Grifani-Donati的路上。里纳尔迪采用六块圆形锌制印版，用耐酸性腐蚀涂料涂敷，之后用雕刻刀进行创作。通过酸性腐蚀暴露出来的线条来完成图像底稿。然后，她使用铜版画技巧增加细节，为人物增添更多生动的情绪。印版选用Charbonelle印刷油墨印于格拉菲亚纸上，使用一台19世纪早期的印刷机进行印制。作品尺寸为10cm×15cm，限量发行十份。

留声机（Record Player）：八色绝版麻胶版画。

创作者为印刷商海伦·佩顿，采用绝版处理方法，颜色由浅入深，在一块版上依次雕刻出不同的层次。

Helen Peyton

海伦·佩顿，英国北约克郡斯基普顿

一条鱼的一生（Jacques Yves Cousteau）：多版山景印刷作品，使用三块油毡版。选用速度球水溶性凸版印刷油墨和白色丽芙版画纸，使用铜版印刷机印刷。

Darrel Perkins

达雷尔·帕金斯，美国罗德岛普罗维登斯

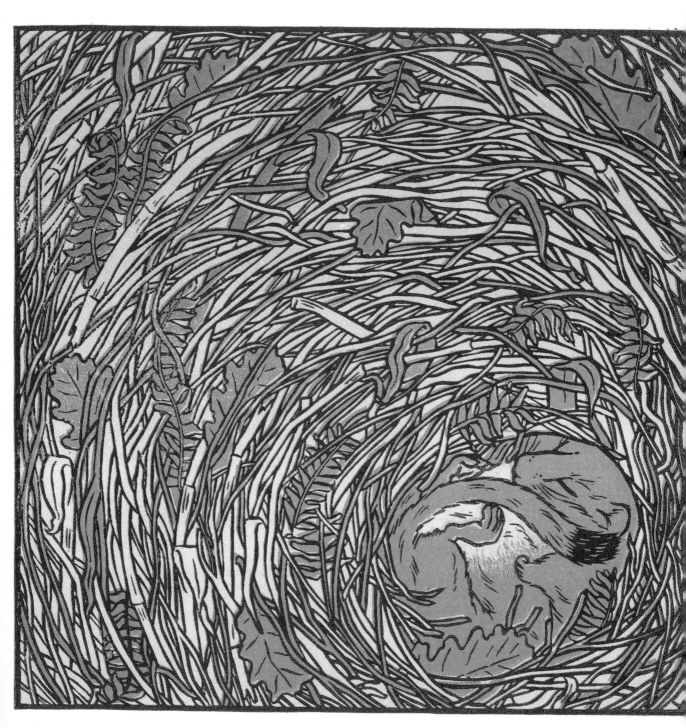

暖窝（Snug）：三色麻胶版画，采用水基油墨
（Nerchau水块印刷色）和220gsm光滑特厚纸。

Laura Seaby

劳拉·锡比，英国格洛斯特郡切尔滕纳姆市

红氧第三辑（Oxo Red III）：选用油基平版／凸版印刷油墨和纯质无酸纸张，使用KB印刷机印制，尺寸为45cm×53cm。限量发行95份，带签名和序号。

Paul Catherall

保罗 · 卡瑟尔，英国伦敦

其他印刷工艺

由于世界各地的艺术家和设计师在自己选择的印刷制作领域内实验，印刷过程还在不断进化。无论是艺术家和设计师，还是艺术买手和客户，无不渴望"手工"美学。为满足视觉需求，新工艺得以发展，从最基础的胶版冲压（Rubber Stamping）制作，到使用电子技术模仿手工印刷的先进印刷工艺。以下介绍的印刷商以其作品为脉络，或者是对设计细则的不断挑战——即跳出规则思考的能力，或者仅仅是敢于创新。

Gary Taxali/
Chump Inc.

加里·塔溪利/Chump公司，加拿大多伦多

（上页图）在影响力巨大的儿童作家莫里斯·辛达克逝世后，《纽约时报》邀请塔溪利绘制一幅纪念插画。塔溪利说："就像是借用了马克斯的服装（出自辛达克的《野兽出没的地方》），然后用来装扮我自己的人物。我想以此呈现'继续进行'或者传递火炬的思想。"

（上图）米兰自行车公司Cinelli邀请塔溪利为其产品清册创作封面。作品被命名为Bella Vita，如上图所示。

　　加里·塔溪利是一位美术艺术家、插画家、玩具设计师和作家。他的作品展示出其热爱在不同媒介、使用不同方法创作的特点，譬如采用丝网印刷、橡皮图章、绘画等。他出生在印度昌迪加尔，成长于加拿大多伦多，自幼对绘画的热爱促使塔溪利在艺术学校完成学业。在安大略艺术设计学院毕业后，他去了纽约，直到再次回到多伦多创立Chump公司。

你从什么时候开始尝试印刷？
我第一次学习印刷是在高中，这要感谢已故的沃森老师，她是个很棒的老师。我一直热爱印刷，尤其是老旧便宜、无法套准、仅有简单颜料板的印刷。在我自己的作品中，我尝试采用不同于纸张的其他材质，比如木头和金属。

你认为"手工"元素如何为你的作品注入独特风格？
将有机元素、绘画元素与我想要表达的观念结合，就像一场自然联姻。我想两者之间互有关联，我过去曾认为是观念赋予作品特点，但后来发现也可以是其他方式。这一发现过程非常令人激动。

许多设计师印刷时采用数字技术，将其仅仅作为创作过程中的一种手段。你对在作品创作中采用的电脑制作怎么看？
我的观点很简单：能起作用的方法和手段尽管采用。许多艺术家采用数字技术，就像给作品注入生命，成品非常美妙。我选择不用数字工艺，不是出于对该技术的不屑，而是由于对有机创作过程的热爱，和不想用这一媒介来完成呈现我个人观念的作品。

我很欢迎使用数字技术，并且相信它可以给我节省时间、提高效率、重复一些过程等等。

你认为是定制和手工制作吸引客户来让你制作一些特殊作品的吗？

我更倾向于认为不只是这些表象吸引了客户。创作出美丽的作品是一方面，但如果仅仅是装饰性而毫无观点，我想客户很快就会厌烦，想要寻求更多。我的工艺对客户非常具有吸引力，但他们找我更是为了我作品中表达的思想和观念。这才是根本原因。

加里·塔溪利
Chump公司

左上图中的硬币海报，为2012年在英国伦敦局外人画廊展出的塔溪利个人展"我与你感同身受"而创作。硬币海报的创作灵感和角色来自塔溪利为加拿大皇家铸币厂设计的硬币（见右上图）。铸币厂邀请他根据"新生儿""生日""婚礼""牙仙子""噢！加拿大"和"节日"为主题创作一系列六枚限量版二角五分的硬币。他以这些硬币为主角，结合起来创作出新的混合媒介作品。同时，塔溪利也受其印度血统影响："300前，我的先祖创造出区别于赝品的硬币，因此他被印度王公封为'Taxali'，意思是铸币祖师。"

Mikey Burton Design and Illustration

米基·伯顿设计和插图工作室，美国宾夕法尼亚费城

俄亥俄粥土著米基·伯顿自豪地将他的设计美学称为"中西部风格",从位于美国中西部和东北部的"铁锈地带"(指从前工业繁盛今已衰弱的一些地区)中,勤奋工作的蓝领使用的工艺品中获得许多灵感,比如旧式标本册、神秘的设备说明书和古旧的教科书。伯顿从做平面设计师开始,如今是一位插画家,其设计带有手工风格,是"不完美印刷"的忠实信徒。

你在不同领域工作过。对于所从事职业的要求的变化,你怎么看?

从学校毕业以后,我只对平面设计感兴趣,并不是插画家。但我对印刷过程一直充满激情。我同事有一间很棒的凸活版印刷工作室,自从我用墨辊为木制字模手推加墨,我就一直对此十分着迷。从那以后,我和朋友尝试着手工丝网印刷,并开始为朋友的乐队制作传单。《连线》杂志的艺术指导看到了我为威尔可(Wilco)制作的丝网印刷海报后,问我是否做过编辑工作。我想着"过去没有,但现在有了"。现在看来,我的编辑插图作品很大程度上得益于凸活版印刷 / 丝网印刷美学。所以我想我对职业的要求无意间从设计向插图转变。

你有没有发现,客户逐渐从需要纯数字化产品转向更需要手工印刷作品?

到目前,我独立创业不过数年。我感到似乎所有来找我的客户(无论是寻求编辑性插图,还是平面设计),想要的都是我的美学作品中的手工制作或不完美质量。虽然最终产品并非完全是凸活版印刷或丝网印刷,他们仍然想要这种手工印刷的感觉。

你同时进行平面设计和印刷制作,可以总结一下它们之间的关系吗?

我想在这个越来越数字化的世界上,我们追求的是真实

可触的东西。我们为网络和可移动设备制作的产品完美无缺,若非如此,它们随时可以编辑。尽管印刷过程已经被优化:你可以将文件传给印刷机,然后获得50万份经过完美裁剪和折叠的宣传册,从任何角度来看都是一模一样的。但是如果我们投资印刷,我想我们实际上是想让成品看起来是被印刷出来的。这就是许多旧式的印刷模式重获新生的原因。

接下来你有什么计划吗?有没有梦想完成的作品?
我有一个长期目标,就是拥有属于自己的凸活版印刷工作室。我想专注于印刷海报,只印制自己的作品。理想情况下,我更愿意用它来制作像编辑性插图这样基于客户的一次性作品。但绝对不是用在婚礼请柬和诗歌上。

米基·伯顿
米基·伯顿设计和插图工作室

富有创造力的战略品牌工作室劳动分工(Division of Labor)需要一套标志体系,因此邀请伯顿给出一个解决方案(见图180—181页)。要创造出不会与某个政府部门混淆的标志体系很富有挑战性。通过一套现代流行的会员卡和印章,顺利完成了这个挑战。成品包括采用法国纸业公司的色卡纸凸活版印刷的卡片,和一套橡皮章。"我们想制作一些特殊作品,不会让人们随手就扔。如果你有疑惑,上面的拉丁文意思是'别让混蛋击垮你'。"

为了与传统的名片相比更有创造力,伯顿设计了一枚检查图章——一小块金属,钥匙扣上的回墨印章(见上图)。"利用这个印章,你可以把你的简要信息印在任何基底上——无论是啤酒杯垫、别人的名片、餐巾或者别人手上。毕竟人们喝得醉醺醺时,容易丢失名片,却不容易把自己的手也丢了。"

Neuarmy

美国宾夕法尼亚费城

　　Neuarmy工作室的瑞恩·卡特里娜（Ryan Katrina）用葡萄藤木制作的活字和他收藏的Hustle活字，来创作T恤衫的胸前图案。通过调整活字间距，每一幅图案各有不同——有的色泽浅淡，有的色泽深沉——每一件T恤衫都是独一无二的。领口部的标签和尺寸标识、腰部的版号、品牌和服装洗护说明都是手工橡皮章印制。一件T恤衫上一共有12处印记，都是手工制作，每次仅完成一处。

　　除此之外，还为每件T恤衫用内置垫圈和红线制作了两个吊牌，手工裁剪和盖章。

Dona
Baronesa

多纳·巴罗尼萨，巴西圣保罗

在巴西圣保罗的广告公司和设计工作室工作多年后，艺术总监亚历山大·布卡 (Alexandre Buika) 和平面设计师巴勃罗·布兰登 (Pablo Brandon) 成立了 Dona Baronesa 设计工作室。为了庆祝新工作室的开业，他们用定制印章设计了一款可持续的视觉标识，以此将废纸和旧纸循环利用。布卡说："使用印章来制作文具是一种很好的方式，切合工作室一切作品皆为客户量身设计和定制的理念"。

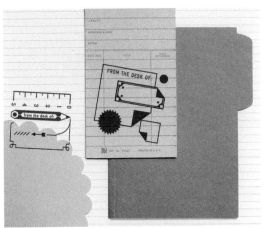

Present and Correct

英国伦敦

这些"从……的桌子"的橡皮章是为Present and Correct工作室的网店独立设计制作的作品。工作室想要为客户创作具有一种个性化的工具,同时能反映出公司对文具的热爱。该作品使用Adobe Illustrator进行设计,再用激光蚀刻(laser-etching)到橡皮材料上。

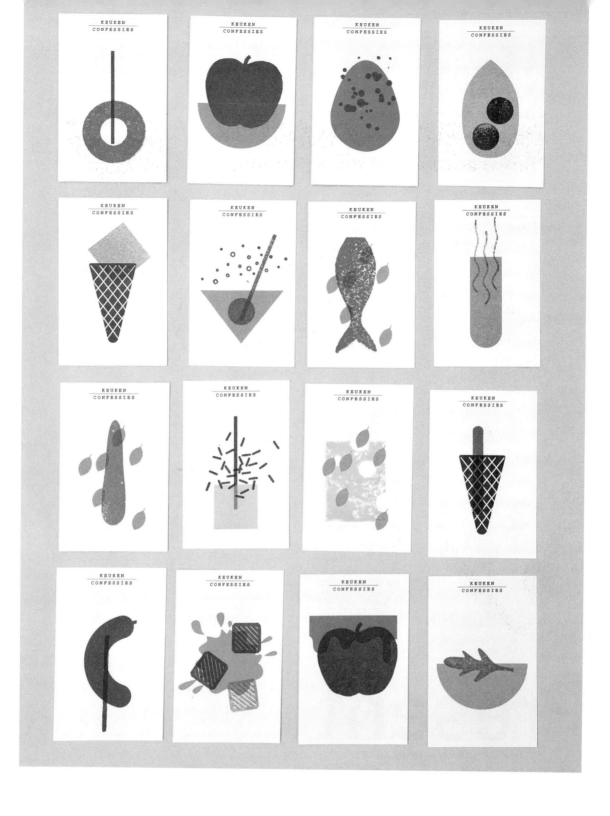

Raw Color

荷兰埃因霍温

KEUKEN CONFESSIES

KEUKEN CONFESSIES

KEUKEN CONFESSIES

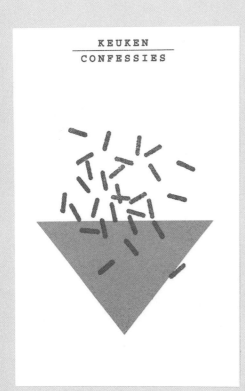

KEUKEN CONFESSIES

KEUKEN CONFESSIES

**MAARTEN LOCKEFEER,
+31 (0)6 20 48 50 45**

BEZOEKADRES
**KLOKGEBOUW 127
5617 AB, EINDHOVEN**

POSTADRES
**GENERAAL BOTHASTRAAT 68
5642 NM, EINDHOVEN**

MAIL
INFO@KEUKENCONFESSIES.NL

**FRANKE ELSHOUT,
+31 (0)6 41 42 52 82**

WWW.KEUKENCONFESSIES.NL

Raw Color工作室由设计师克里斯托夫·布拉克（Christoph Brach）和丹妮拉·特尔·哈尔（Daniera ter Haar）联手创立。工作室位于埃因霍温，制作自主设计和客户定制的作品。

食物设计工作室Keukenconfessies邀请Raw Color为他们设计视觉识别。设计师们旨在混合氛围、印刷品、色彩和印刷工艺，想要设计出会改变的"商标"。为此，他们独立创作了许多各具特色、别出心裁的食物和烹饪相关形象，其中一些比较抽象。这些形象通过使用包含独立设计元素的橡皮章，不停地拆分组合。排版设计出的元素采用凸活版印刷，呈现为黑色，与彩色形象对比，突出其质感。印制品选用非涂布纸。

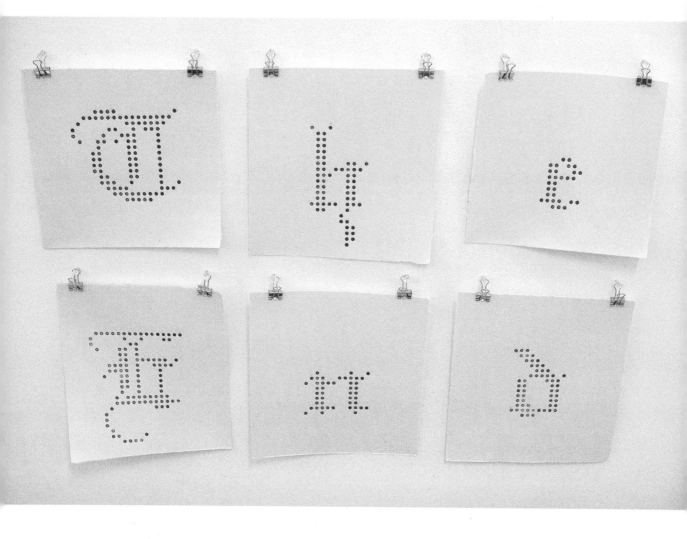

Aekido

英国苏格兰亚伯丁

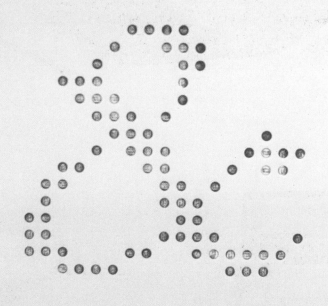

Aekido位于苏格兰亚伯丁,是一家年轻的独立工作室。2012年,刚从罗伯特戈登大学格雷艺术学院毕业的列维·班扬(Levi Bunyan)成立了该工作室。

班扬采用一个个的乐高积木创作出上图中的"&"号形象。他选用石版油基油墨来印刷,并利用缓慢的干燥过程来排布。

选择黑色"&"号形象的原因是,班扬认为将经典符号形象通过新型的乐高积木呈现出来,这一对比非常强烈而有趣。班扬说:"我还通过乐高积木印刷(printing with Lego)了'完结'这一形象,用它来表明一段人生历程的完结,譬如我完成学业,开始成为全职设计师。"

Letterproeftuin

荷兰鹿特丹

　　Letterproeftuin由鹿特丹设计师尤瑞特·克鲁特曼(Yorit Kluitman)、贾瑞恩·考维纽斯(Jaron Korvinus)和蒂蒙·范·德·希登(Timon van der Hijden)联合创立。它的创立源于将印刷制作、合成工艺、技术，与灵感、合作、勤勉、乐趣相结合的激情。

　　经过三次成功改进后，Letterproeftuin工作室与布雷达平面设计节(Graphic Design Festival Breda)合作，创建了移动开源工作室，为法国肖蒙的专业设计师提供创作乐土。

　　工作室设施齐全，室内家具即为工作服务，也可作为对外展示。工作室内用具包括挂满一整面墙的数以千计的各种形状，均由激光切割(laser-cut shapes)而成。三位设计师会在工作室内，与世界各地来访的设计师一起工作十天。

Spencer Wilson/ Peepshow Collective Ltd

斯潘塞·威尔逊与 Peepshow 集团公司，英国伦敦

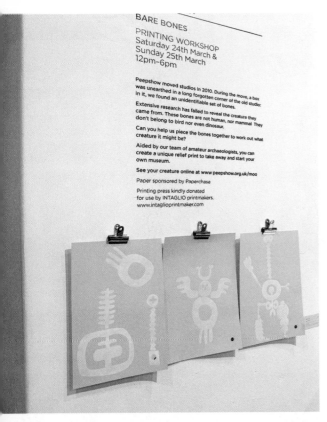

骨架（Bare Bones）：由斯潘塞·威尔逊与
Peepshow Collective公司（网址：www.
peepshow.org.uk）合作完成。

　　作品"骨架"是为物体之源博物馆制作的展品之一，结合了工艺、绘画、物体、印刷和服装，2012年，由Peepshow集团公司在伦敦平面艺术博览会（Pick Me Up 2012）中展出。

　　威尔逊采用三毫米的丙烯酸纤维制作"骨架"。选用白色油墨，印在赞助商提供的灰色纸张上，用博物馆的印台手工盖章，再经过台式铜版印刷机印刷。

　　作品"太空牛仔"（Space Cowboy, 左图）采用三种颜色（深蓝、银色和红色）凸活版印刷，选用萨默塞特300gsm缎面印刷纸，纸张尺寸为19cm×28cm。该作品限量发行40份，每一份都有签字和序号标识。

Studio
Mothership

英国伦敦

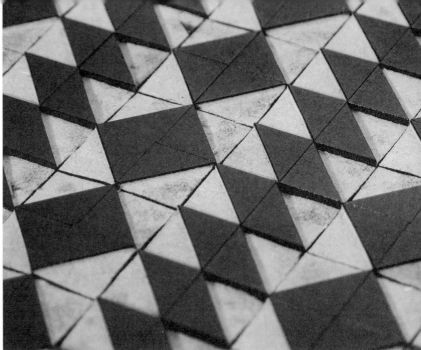

　　自2011年初以来,肯·伯格(Ken Borg)和网页开发工程师和摄影师露西·斯洛斯(Lucy Sloss)紧密合作,在Mothership工作室旗下,开展个人创作和商业合作。上图中展示了伯格长期研究如何重现传统凸活版印刷花边和装饰的部分作品。为了展示重复花纹,工作室将85块不同的木制模块组合在一起(见顶部右图)。模块为激光切割木料制作而成(见上右图),经过打磨和涂上清漆,然后手工雕刻和抛光。木块被设计为适印高度,通过定制版框与阿尔比恩改良凸版印刷机配合使用。

Physical
Fiction

美国北卡罗来纳/俄勒冈

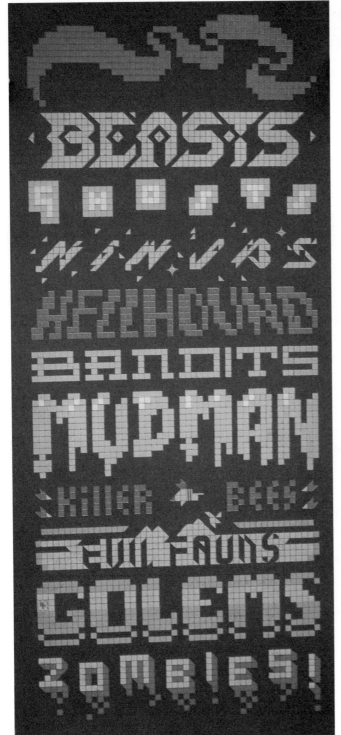

Physical Fiction工作室的塞缪尔·考克斯(Samuel Cox)和贾斯廷·拉罗萨(Justin LaRosa)采用MDF板和乐高固定底板，创作出了左图中的印刷作品"狐狸"和左上图中的"坏蛋"。

通过Adobe Illustrator和Photoshop完成设计后，考克斯和拉罗萨采用1×1的乐高积木(见上右图)，仔细地把每一个色层的数字像素复制到物理板上。一个印制作品包含三种颜色，因此每个作品都有三种不同的板子，必须印刷三次。

塞缪尔说："对大部分的印刷品我们采用胶基油墨，它能渗透到纸上，干得很快。我们更喜欢用干得快的油墨，因为许多设计需要通过重复印制来得到一种全新的颜色，使用湿度大的油墨很难控制好这一工艺。"

聚焦其他印刷工艺
Print Gocco & Risography

Gocco和Risography印刷机，日本 / 全球

鱿鱼球（Squidballs）：Gocco印刷，由Peskimo设计并印制。

Gocco印刷机是由日本的Noboru Hayama于1977年发明的彩色丝网印刷系统。麻雀虽小，五脏俱全，该系统结构紧凑、设备齐全，十分干净、快捷，使用方便。该系统与镁光灯、碳基图片或复印件，以及一块涂上感光乳剂的屏幕配合使用。手动使用镁光灯后，图片或复印件上的碳将会把屏幕烧制成模板。此后，可以同时采用多种颜色的墨水，在重新着墨前可以进行百倍印制。这种小印刷机既可以用来印刷纸张（例如贺卡、邀请函和餐巾纸等），还可以用来印制布料（例如T恤衫、包等）和陶瓷制品。Gocco系统的巨大吸引力还来自于它用料简省，设备轻便：易于运输和清洁，无须配备特殊工具。

由于制造商日本理想科学工业株式会社（Riso Kagaku）目前已在日本本土停产，现在仅由狂热粉丝和技工在Gocco社区里收集和交易该系统和材料配件。尽管全球范围内对Gocco的需求量很大，Riso公司仍无意重新开始生产。尽管如此，Gocco在YouTube，Flickr和Etsy等网站中频频曝光，以及eBay中频繁交易，这一系统得以存活。

2002年，戴维·帕丁顿（David Partington）和乔迪·戴维斯（Jodie Davis）在布里斯托尔创立了Peskimo工作室。自2007年采购第一台Gocco设备后，他们开始创作艺术品，并通过在线销售和线下的英国商行，出售印刷品。帕丁顿说："这个印刷系统紧凑而快速，甚至可以在晚上坐在电视前或回邮件时完成工作！"

2011年，插画家罗比·威尔金森（Robbie Wilkinson）和大卫·吉本斯（David Gibbons）成立了伦敦冰球工作室（Puck Studio）。作为他们在2012年当代艺术博览会"Pick Me Up"上展品的一部分，冰球工

Mr Pigglesworth：Gocco印刷，Robbie's Brown Shoes工作室作品（网址：robbiesbrownshoes. com），Puck工作室印制（威尔金森和吉本斯，2012）。

作室特别制作了Gocco印刷作品，在为期11天的博览会上每天销售。上图所示设计作品"Mr Pigglesworth"，为现场绘制并采用金属的Gocco墨水。威尔金森如此讲解Gocco的印刷过程（见上图）：

"我们用一只细线炭笔在一本特制的Gocco速写本上创作了图案。这样图案的尺寸就控制在可打印的基准线内。画好图案后，将其放到印刷机上，再将Gocco涂层网屏置于外壳上，对准图案放下去。然后把锌涂层的镁光灯放入曝光装置锁定。朝下缓慢持续地推动，完成印刷准备，然后点亮镁光灯，将网屏曝光在图案上。"

曝光之后，移出熄灭的灯和装置，网屏将从印刷机中滑出。曝光中碳与网屏接触的地方，将会不再透明。以此创造出图案的底片，如同丝网印刷一样。

"Gocco网屏从一侧打开，再利用一块细小的、背面有黏性的泡沫塑料，来为图案周围或任何需要别致颜色的区域制作轮廓。选择好纸张放入海绵印床后，曝光过的网屏将会滑回外壳，确保网框上没有溢出的墨水。网屏外壳朝着纸张下沉，敏捷地将其压在纸张上方。提起网屏外壳，Gocco印刷就展现出来了。"

"通常第一版印刷参差不齐，质量不高，因此需要重

植物标本集（Herbal）：Risograph印刷，Sister Arrow工作室为V&A设计，Manymono印制。

复操作，直至上色均匀流畅，成品符合要求。达到印刷数量后，印刷制品将会被晾干。"

与Gocco印刷十分相近，且被Gocco粉丝广泛运用的一种印刷手法被称为"Risography"或者"Risograph"，或缩写为"Riso"。这台同样由Riso Kagaku公司生产的高速自动印刷设备，将之前由Gocco印刷系统手动操控的多项流程进行整合。

因为印制过程采用真实的油墨，但无需像复印机或激光打印机要用热能将图案固定在纸上，Risography由于在风格和"手工印刷"的品貌上与传统媒介相似，在印刷者中风靡一时。

以Riso为特色的印刷工坊在大西洋两岸如雨后春笋般出现，包括伦敦的Manymono工作室，它印制了插画家希丝特·艾瑞（Sister Arrow，见209页）的这幅作品。"植物标本集"采用Risograph印刷，A3大小（42cm×59.4cm），为伦敦的维多利亚和阿尔伯特博物馆的春/夏主题海报收藏而制作。它采用五色（蓝色、荧光粉、黄色、绿色和褐色）豆基油墨，Risograph印制。

Evidenti

西班牙巴塞罗那

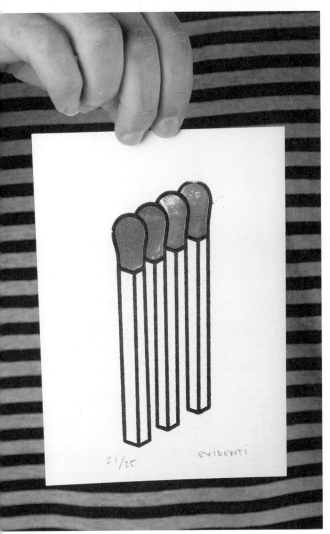

以Evidenti为名，乔纳坦·阿拉萨（Jonatan Arasa）利用Gocco印刷，为他的数字插图增加谬误和荒诞元素。

作品"不对称的火柴"（Matches That Do Not Match，见左上图）为巴塞罗那的ParcSandaru市民中心的团体展览"Els colors del foc"（火的颜色）制作。该展览的主题是以"火色"为灵感创作的作品。Gocco印刷的质朴无华和其印刷品偶尔不可预测的效果，使得

Gocco成为一种媒介："可用的元素很少，甚至套准也有些不完美，但这些给予了Gocco独特的魅力。"

"古老的头骨"（Old Skull，见右上图）是Evidenti创作的第一幅Gocco印刷品。其目的是使用这台机器，在所有可用的纸张上印刷自己的插图，因此出现了许多拼贴版本。

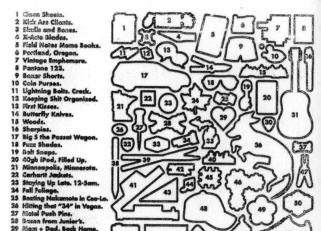

1 Clean Sheets.
2 Kick Ass Clients.
3 Skulls and Bones.
4 X-Acto Blades.
5 Field Notes Memo Books.
6 Portland, Oregon.
7 Vintage Emphemera.
8 Pantone 123.
9 Boxer Shorts.
10 Coin Purses.
11 Lightning Bolts. Crack.
12 Keeping Shit Organized.
13 First Kisses.
14 Butterfly Knives.
15 Woods.
16 Sharpies.
17 Big 5 the Passat Wagon.
18 Fuzz Shades.
19 Bolt Snaps.
20 40gb iPod, Filled Up.
21 Minneapolis, Minnesota.
22 Carhartt Jackets.
23 Staying Up Late. 12-5am.
24 Fall Foliage.
25 Beating Nakamoto in Coo-Lo.
26 Hitting that "34" in Vegas.
27 Metal Push Pins.
28 Bacon from Junior's.
29 Mom + Dad, Back Home.
30 DDC Brand Guitar Picks.
31 A Tuned-Up Martin D-9B.
32 Hittin' The Open Road.
33 Long Live the DDC.
34 Film.
35 Traverse City, Michigan.
36 Gary the Mini Dachshund.
37 Ginger Bones.
38 No.2 Pencils.
39 Drumming Like A Gorilla.
40 That Minneapolis Skyline.
41 Gocco Black Belt Action.
42 Future Bold.
43 30-60-90 Triangles.
44 Music. And Loud.
45 CMYK Misregistration.
46 Gears and Cogs.
47 My Trusty Leatherman.
48 DDC Brand Farmer Caps.
49 1976 Bicentennial Star.
50 Logos.
51 Digi Slph $450.
52 Strumming a "C" Chord.
53 Candy Corn.
54 Portland Rainy Days.
55 A New Pair of Saucenys.

Things We Love.

A Warmhearted List Compiled By The Good People of the Draplin Design Company.

A Gocco screenprinted card sort of thing, for the "WE ♥ GOCCO" February 2006 show at the Wurst Gallery, Portland, Oregon. The collection will be shown "online" at thewurstgallery.com, and, "offline" at Crewsenberg's Half and Half in downtown Portland. Curated up by Jason Sturgill. Dedicated to Gary. Stay strong, people.

Front: 5 Hits of Thick Ink, CMYK Halftone Gocco Muscle. Back: 1 Hit of "Death Black" on thick, smooth, white cardstock.

REALLY REALLY LIMITED EDITION

___ of 50

This card was Gocco'd up by the Draplin Design Co., Portland, Ore.
draplin@draplin.com / www.draplin.com   "Gocco, Don't Go!"

"我们心爱的事物"卡片（Things We Love card）：Gocco印刷，四色CMYK正面，单色背面，尺寸为10.8cm×14cm。限量50份。

Draplin Design Co.

美国俄勒冈波特兰

"DC爱情：华盛顿纪念碑、生弗朗西斯科爱情和费城爱情"（DC Love: Washington Monument, San Francisco Love and Philadelphia Love）：由Art Shark设计工作室的梅根·诺顿（Megan Nolton）创作。单色Gocco印刷，红色水彩颜料，选用巨石阵纸，尺寸为8.9cm×14cm。限量发售，带签名和序号。

Art Shark Designs

美国弗吉尼亚州亚历山德里亚市

Luke Despatie &
The Design Firm/
Port Hope Press

卢克·德斯帕蒂和设计公司/希望港出版社，加拿大安大略

"最爱圣诞节"杯垫（Favorite
Christmas Singles coasters）：由卢
克·德斯帕蒂设计和插图，希望港出
版社印刷。Gocco印刷，文字部分为
凸版印刷。

终日坐在电脑后面，使得商业平面设计师卢克·德斯帕蒂渴望手工劳作，接触到他"内心的艺术家"。他说："我采购了一台Gocco印刷设备，开始着手为我自己印刷有趣的圣诞贺卡。消息散布开来，最终使我开了一家Etsy网店。随着我印刷技能的提高，设计客户们得到风声，让我为他们提供印刷制品，文具和少量包装品。"例如德斯帕蒂的"薄荷须发&身体清洁皂"包装盒（见左图）。

最爱的鞋子（Favourite Shoes）：双色
Gocco印刷，尺寸为14.9cm×21cm。限
量发行250份，带签名和序号。

Magic Jelly

南澳大利亚阿德莱德

以Magic Jelly为名，凯伦纳·科洪（Karena
Colquhoun）在南澳大利亚阿德莱德市郊区Sema-
phore的家庭工作室中工作。

促使科洪接触Gocco印刷的原因之一是其手工不完
美性，正好与旧式陶瓷器皿、包装和广告材料的廉价和浆
质产生共鸣：油墨溢出在纸上，有限的色板、不完美的套
准和网版，这一切都与之相呼应。她的许多作品都采用印
刷好的制品多层拼贴，例如作品"印第安纳票据"（见上左

图）。她说："我开始采用撕下的背景纸——我选用了许多
不同种类的纸张，从日本和纸到古旧地图、墙纸和书页。"

科洪使用许多Gocco型号，包括小型的 B6和大型的
Print Gocco Arts (PG6)。

SisterArrow

希丝特·艾瑞，英国伦敦

作品"和平之谜"(Peace Puzzle, 见左上图)采用四色CMYK的A3(29.7cm×42cm), Risograph印刷, 由希丝特·艾瑞(又名George Mellor乔治·梅勒)为It's Nice That x Landfill Editions品牌创作。梅勒说："选择的婴儿各有一种仪式或个人物品组成他们的姿势, 例如一支巨大的发钗、一把带盖子的勺子或一个和平烟斗。这些暗示出他们的个性和团体主旨。"设计品由Many-mono印制, 限量发行100份, 带签名和序号。

作品"中国鼻烟壶"(China Snuff, 见右上图)原本只打算采用三种颜色：红色、蓝色和黄色。然而, 为了优化"过度印刷"可能会呈现出的不同阴影和色调, 梅勒在Riso印刷的基础上, 丝网印刷出淡粉色光泽, 以此来凸显花朵。这一光泽也被用来表现左上角的汉字"寿"上。采用A4纸(21cm×29.7cm), Manymono打印, 带有Jenny Bell签名和序号, 限量发行50份。

Harry Diaz

哈里·迪亚兹，美国加利福尼亚卡拉巴萨斯

烈日悬空（Sun Afloat）：双色Risograph
印刷，选用80lb法国纸业公司乳白封面
纸，A4大小。开放版，带签名。

无题9：采用3色Risograph印刷，选用80lb
法国纸业公司乳白封面纸，尺寸为A4。开放
版，带签名。

作品"守望"（Lookout，见左图）使用Risograph印
刷，由哈里·迪亚兹设计。设计师／插画家带有浓郁阿兹
特克风格几何设计图反映出其成长背景及血统影响："
我出生于危地马拉的危地马拉市，并在此一直长到十
岁。1992年，我们家移民美国，之后我一直待在这里。这
种文化的转变对我的作品产生了许多正面影响，这种思
路也经常存在于我的绘图作品中。"

SteadyCo.

美国明尼苏达州明尼阿波利斯市

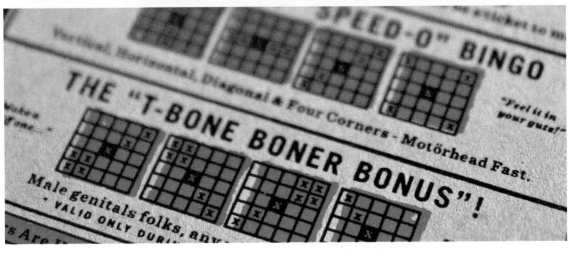

（左图）自由之爱（Free Love）：由Steady公司的埃里克·哈姆林创作。单色Risograph印刷，选用法国纸业公司的100lb 色卡糖果棉纸，尺寸为20.3cm×25.4cm。限量发行25份。

丁字宾戈游戏（T-Bone Bingo）：由Steady公司的埃里克·哈姆林创作。双色Risograph印刷，选用法国纸业公司100lb的色卡纸，尺寸为20.3cm×25.4cm。限量发行25份。

Steady公司（见61页）专营丝网印刷、Risograph印刷、设计和插图。大量客户来自于音乐行业。公司创始人埃里克·哈姆林能设计和印刷各种类型和尺寸的标签和品牌标识。他还选用Risography来印刷大量个人原创作品和客户定制作品。他说："在数字自动化和丝网印刷的良好触感之间，这种印刷方式是一种完美的媒介，以此来使用专色和胶黏的着色油墨。"

哈姆林的Riso 8770型号设备可以用来制作尺寸为27.9cm×43.2cm的印刷品、杂志、限量发行的书籍、CD／磁带／乙烯基封套、卡片和任何他的作品。

术语表

Adana – 阿达纳，1922年至1999年间位于英国的小型印刷出版商。手工制作，流行于爱好者和文具店中。

Albion Press – 阿尔比恩印刷机，用于凸版印刷的铁制手摇印刷机。平板印刷机的改良版，配备转向关节杆机制。

Baren – 压印垫板，一种将纸张置于着墨后的印版上时采用的手持抛光工具。

Bite – 咬力，形容图像印在纸张上的蚀刻或切刻的术语。

Bitmap – 位图，一种计算机图像模式，将所有信息简化为黑色或白色。扩散抖动和半色调位图模式都是位图用于图像准备的流行变体。

Blankets – 毛毡，一种用于铜版印刷的编织毛毡。通常采用三种毛毡：顶部毛毡，用于推进；中部毛毡，用作垫子或起形成作用；底部毛毡：用于捕捉尺寸。

Blind – 盲印，一种印刷无墨印版的印刷技术，制造出浮雕效果。

Block – 印版，参见"Matrix，基底"。

Brayer – 油墨滚筒，用来手工将一层油墨涂在基底上，也被称为滚轴。

Burin – 雕刻刀，一种带尖端的雕刻工具，可用于不同的剖面。

Burnisher – 磨光器，一种用于将放置在着墨印版上的纸张磨光的坚硬工具。

Chandler & Price – 钱德勒＆普赖斯，一家1881至1964年间在美国成立的凸版印刷商。

Chase – 版框，一种长方形钢制或铁制框架，用来制作印刷活字或印版。

Chine-collé – 一种拼贴元素，同一时间印制或粘贴在作品上。通常用薄亚洲纸制作。

CMYK – 一种四色体系，用于印刷全色图像（C—蓝绿色，M—品红色，Y—黄色，K—黑色）。

Colour separation – 分色，打印前将色彩分隔在不同的作品层。可用于专色打印和四色半色调打印。

Cylinder press – 滚筒印刷机，运用巨大的圆筒将纸张和印痕传输给平台印刷机上的字模。参见范德库克（Vandercook）印刷机和海德尔堡（Heidelberg）印刷机。

Debossing – 压凹，通过将材料表面制造凹纹效果。与压凸相对，它是在表面做出浮雕效果。

Die-cut – 模切，"冲模"（die）指的是具有自定义形状的工具。具体操作时，模具从纸张或其他材料中切出。

Edition – 版本，同一印刷周期中印刷品的序号。

Embossing – 压凸，通过将材料表面凸起而产生的效果。与压凹相对。

Emulsion – 感光乳剂，在丝网印刷的图像处理阶段，用来涂覆网屏的一种感光液体。

Etching press – 铜版印刷机，用来印刷蚀刻版画和其他凹雕印版的印刷机，它的压机座在两根印刷辊之间来回滑动，其中一根可提升或降低压力。将其调节来印刷浮雕印块非常便捷。

Flatbed press – 平台印刷机，一种具备印刷平台的印刷机，纸张可以通过另一个印版或者圆筒放在平台上印刷。

Forme-cut – 印版裁切，用锋利的金属冲模一次性裁切数张纸张，得到不规则形状的印刷过程。

Gesso – 石膏，一种由熟石膏或粉笔混合胶水形成的膏状物质。

Gocco / Print Gocco – 1977年至2005年间，日本制造的一种紧凑型彩色丝网印刷设备。

Golding Jobber – 美国制造商戈尔丁生产的一系列全尺寸专业压力机。其版框尺寸从20.3cm×30.5cm至38.1cm×53.5cm应有尽有。

Gouge – 圆凿，制作浮雕印刷品时使用的一种手持式雕刻工具，用来刨除木制或油毡等基底中的材料。

Grain – 纹理，描述木材带框表面的纤维走向。

Greyscale – 灰度级，一种能呈现出所有灰色等级的黑白数字图像。

Halftone – 网板，将色调信息转化为各种点、形状或线条的位图体系，以此来模拟连续的渐变。

Heidelberg – 海德堡，生产出许多广受欢迎的活字印刷机的德国制造商，热门产品包括像海德尔堡风车这样带自动注墨和传输的平压印刷机，以及海德尔堡KSBA滚筒印刷机。

Ink slab – 调墨板，玻璃或其他材质的光滑表面，用于在浮雕印刷前将墨水滚压成薄薄的一层。

Intaglio – 凹雕，一种将凹图像在印版上雕刻出来，再进行印刷的印刷方法。油墨置于印版之下，通过压力渗透到纸张上。

Kreene – 一种灵活的哑光塑料膜，在制版机上使胶片和印版紧密贴合。

Lead type – 铅字，参见"排字"条目。

Lith film – 制图菲林，一种高对比度胶片，采用强烈的黑色、白色和少量中间色调来制造底片。

Matrix – 基底，承载印刷信息的板、块、屏幕或其他表面。

Mesh – 网丝, 将织物在框架上伸展开, 用于丝网印刷。

Metal type – 金属字模, 用于传统活字印刷的单个字符。通常包涵67%的铅, 28%的锑和5%的锡。

Multiples – 多功能的, 一种复制印刷品的能力。

Offset lithography /litho printing – 平版胶印／平版印刷, 一种商业印刷方法。在印刷过程中, 需要制造橡胶印版作为模板。这种印刷方式通常采用CMYK四色体系。

Photopolymer – 感光聚合物, 一种暴露于紫外线(UV)会改变本身性质的聚合物。在现代凸版印刷中用来制作印刷基底。

Platen press – 平压印刷机, 覆盖纸张的平面压向平整、已着墨的印版, 两个平面通过钳口式动作合拢分开。大多数小型手动印刷机是平压印刷机。

Positive – 正片, 一种用来印制照片的透明物, 一旦曝光就可以生成图像。

Proof, proofing – 打样, 测试印刷和修改, 直到完成预想印刷品的过程。

Registration – 套准, 将纸张与印刷模型进行校准的过程, 保证色彩和打印内容位置准确无误。

Risography, Risograph – 一体化速印机, 集成了之前在Gocco印刷机上手动运作的数项流程。

Rotary press – 轮转印刷机, 具有一个圆柱形表面, 在纸张表面滚动, 因此比平台印刷机印刷速度更快。

Serigraph – 绢网印花, 20世纪20年代创造出来的术语, 将丝网印刷中的创造性艺术, 与商业或复制性印刷区别开来。术语来源于"丝绸"的拉丁语"seri"和"绘画"的希腊语"graphein"。

Silkscreen – 丝绸印刷, 通常指丝网印刷。从目前的技术上来说不完全准确, 因为网屏上的网丝不再由丝绸制成, 而通常采用尼龙或聚酯代替。

Spot colour – 专色, 一种色彩或饰面, 一般有荧光油墨、 金粉油墨或局部上光等非标准油墨。

Stamping – 冲压, 一种简单的使用已经在表面雕刻或模制好文本或图像的橡胶基底印刷的方式。

Stencil – 漏字板, 一种控制印墨走向的板子。在丝网印刷中广泛使用。可以采用纸张或塑料手工切割而成, 或用照相乳剂光反应方式制作。

Stock – 库存, 印刷纸张。

Substrate – 基底, 印刷的平面。

Trapping – 补漏白, 在多色作品中邻近色之间产生轻微重叠的过程, 以补偿色板的配准误差。

Typeset – 排字, 排字过程通过组合铅铸或木活字, 以此在活字印刷中制作文本印刷的模型。

Vandercook – 范德库克, 1909年至1969年期间的美国活字印刷机制造商。创造了许多热门平压打样印刷机, 包括范德库克SP-15和范德库克#4。

Vector image – 矢量图像, 一种可以扩展为任何尺寸而不失真的数字图像。

Wood engraving – 木版画, 雕刻密实木块的横截面的过程。如雕刻刀等精巧的雕刻工具用来制作线条和印记等细节。

Wood type – 木活字, 木制的单个字母, 可以组合为活字印刷的印刷模型。

资源

常规

Briar Press
致力于活字印刷传承与保护的印刷者和艺术家社区。同时提供讨论、实践指导、供应商信息和设备销售。

www.briarpress.org

Etsy
手工艺品和艺术品的在线市集。

www.etsy.com

Five Roses
汇集各种活字印刷的广泛资源和信息。

www.fiveroses.org

Gig Posters
展示世界上最大的栅格海报归档的一家在线画廊。

www.gigposters.com

Letterpress Alive
提供各种类型活字印刷相关的广泛资源和信息的一家英国网站。

www.letterpressalive.co.uk

People of Print
从事印刷工作的艺术家、集体和工作室的汇总。

www.peopleofprint.com

Printeresting
印刷制作在线资源杂录。分类包括艺术家、展览、评论及其他。

www.printeresting.org

St Bride Foundation
位于英国伦敦的一家世界最重要的印刷及平面艺术馆。

www.stbride.org

1000 Woodcuts
版画家玛丽亚·艾让戈（Maria Arango）关于木版画、艺术和人生的沉思。

www.1000woodcuts.com

工作室

Baltimore Print Studios
提供活字印刷和丝网印刷的月租型工作室，同时提供场地和印刷机租赁。

www.baltimoreprintstudios.com

East London Printmakers
一家宽敞现代的印刷工作室，为丝网印刷、蚀刻版画和凸版印刷提供开放型设备，还有每周课程。

www.eastlondonprintmakers.co.uk

Edinburgh Printmakers
提供多种印刷材料、教育工作室和艺术品销售。

www.edinburghprintmakers.co.uk

London Print Studio
为丝网印刷、凸版印刷、蚀刻版画和平版印刷提供开放型设备。同时提供每周课程、展览场地和数字印刷设备。

www.londonprintstudio.org.uk

Lower East Side Printshop
非营利性印刷厂，旨在通过提供专业设备、课程、项目和公共展览来促进和发展印刷。

www.printshop.org

Manhattan Graphics Center
一家位于纽约的精细工艺印刷工作室，提供印刷课程和精良的工作室设施，让艺术家能享受创造性的工作环境。

www.manhattangraphicscenter.org

Sonsoles Print Studio
由艺术家经营的设备齐全的开放型丝网印刷工作室。位于英国伦敦南部。

www.sonsolesprintstudio.co.uk

Sparka Screenprint Workshops
一家初学者工作室，包含从组建设备到设计和印刷的所有工序。在八座美国城市中拥有三部分工作室。

www.sparkascreen.com

Warringah Printmakers Studio
一个社区非营利性组织，提供课程、车间、工作室、定期展览和各种各样新鲜有创意的项目。位于澳大利亚新南威尔士。

www.printstudio.org.au

常规供应商

Dick Blick Art Materials
为专业艺术家、学生、老师优先提供艺术资源。拥有各式各样的油墨和材料。位于美国。

www.dickblick.com

Intaglio Printmakers
为艺术家和印刷者提供设备和材料的专业供应商。位于英国伦敦。

www.intaglioprintmaker.com

Joop Stoop
提供与蚀刻版画、雕刻、平版印刷、木版印刷、光聚合物处理和丝网印刷相关的一切材料。位于法国巴黎。

www.joopstoop.fr/en

Parkers Sydney Fine Art Supplies
澳大利亚悉尼最大的一家艺术用品店。

www.parkersartsupplies.com

Screen Colour Systems
位于英国伦敦的网屏和丝网印刷材料供应商和制造商。提供纸质和纺织质地的网屏、油墨以及网屏重展服务。

www.screencoloursystems.co.uk

油墨

Caligo Inks
用于蚀刻版画、凸版印刷和平版印刷的油基油墨。提供可以用水清洗的安全可擦油墨。

www.caligoinks.com

Daler-Rowney
3—丙烯酸和丝网印刷材料制造商。3—丙烯酸具备高通用性、水性丙烯酸颜色，颜料质量高，价格实惠。

www.daler-rowney.com

Lascaux Colours & Restauro
对生态环境友好的专业水基油墨和清漆，用于丝网印刷。

www.lascaux.ch/en

Permaset
拔浆织物印花油墨制造商。颜色齐全，包括金属色和荧光色。所有颜色都是水基，因此设备可以用水彻底清洗。

www.permaset.com.au

Speedball
生产木版印刷和丝网印刷的一条龙产品，以及画笔、丙烯颜料和水彩调色盘。

www.speedballart.com

TW Graphics
丝网印刷墨水和特殊涂料的制造商。

www.twgraphics.com

Van Son Inks
万松油墨，无限亚克力和胶基凸活版印刷油墨的制造商。

www.vansonink.com

纸张

GF Smith
英国一家独立开发多种的纸张和饰面材料的公司，包括 Colorplan 优质彩纸和 Crane's Lettra 凸活版印刷纸张。

www.gfsmith.com

French Paper Company
传承五代的家族企业，法国纸业公司是美国最小的造纸厂之一。各种彩纸和纸板的制造商。

www.frenchpaper.com

John Purcell Paper
提供各种各样的纸张和纸板。

www.johnpurcell.net

Neenah Paper
世界级制造商，生产优质封面、私人订制水印纸张，包括 Crane's Lettra 凸活版印刷纸张。

www.neenahpaper.com

聚合物版

Boxcar Press
www.boxcarpress.com

Centurion Graphics
www.centuriongraphics.co.uk

Solarplate
www.solarplate.com

麻胶版

Bangor Cork
www.bangorcork.com

Lawrence Art Supplies
www.lawrence.co.uk

联系方式

55 Hi's
info@55his.com
www.55his.com

Aekido
studio@thisisaekido.co.uk
www.thisisaekido.co.uk

Daniel Allegrucci
dgrucci@yahoo.com
www.danielallegrucci.com

Kelli Anderson
kelli@kellianderson.com
www.kellianderson.com

Anenocena
hello@anenocena.com
www.anenocena.com

Art Shark Design
artsharkdesigns@gmail.com
www.artsharkdesigns.com

Atelier Deux Mille
atelier@deux-mille.com
www.deux-mille.com

Fabien Barral
ecrire@fabienbarral.com
www.barral-creations.com
www.mr-cup.com

Jane Beharrell
janebeharrell@gmail.com
www.janebeharrell.com

Luke Best
luke @lukebest.com
www.lukebest.com

Blush Publishing
mark@blushpublishing.co.uk
www.blushpublishing.co.uk

Boxcar Press
info@boxcarpress.com
www.boxcarpress.com

Bravo Company
info@bravo-company.info
www.bravo-company.info

James Brown
james@generalpattern.net
www.generalpattern.net

Burlesque of North America
info@burlesquedesign.com
www.burlesquedesign.com

Mikey Burton
mikey@mikeyburton.com
www.mikeyburton.com

Paul Catherall
info@paulcatherall.com
www.paulcatherall.com

Cast Iron Design Company
post@castirondesign.com
www.castirondesign.com

The Church of London
info@thechurchoflondon.com
www.thechurchoflondon.com
www.littlewhitelies.co.uk

Cliché Studio
info@clichestudio.com
www.clichestudio.com

Cloudy Collective
hello@cloudyco.com
www.cloudyco.com

Cockeyed Press
cockeyedpress@earthlink.net
www.billfick.com
www.cockeyedpress.com

Cranky Pressman
jobber@crankypressman.com
www.crankypressman.com

Crispin Finn
hello@crispinfinn.com
www.crispinfinn.com

Harry Diaz
diazha@gmail.com
www.harrydiaz.com

DKNG
contact@dkngstudios.com
www.dkngstudios.com

Doe Eyed
info@doe-eyed.com
www.doe-eyed.com

Dona Baronesa Design
hello@donabaronesa.com
www.donabronesa.com

Stanley Donwood
stanley.donwood@yahoo.com
www.slowlydownward.com

Draplin Design Co.
aaron@draplin.com
www.draplin.com

Eltono
eltono@eltono.com
www.eltono.com

Equipo Plástico
info@equipoplastico.com
www.equipoplastico.com

Essie Letterpress
essie@essieletterpress.co.za
www.essieletterpress.co.za

Evidenti
evidenti@gmail.com
www.evidenti.com

FLATSTOCK
info@americanposter
institute.com
www.americanposter
institute.com/flatstock

Hatch Showprint
info@hatchshowprint.com
www.hatchshowprint.com

The Heads of State
studio@theheadsofstate.com
www.theheadsofstate.com

Stefan Hoffman
hoffmannprinting@gmail.com
www.stefanhoffmann.nl

The Hungry Workshop
simon@thehungryworkshop
www.thehungryworkshop.
com.au

Kid Acne
kidacne@gmail.com
www.kidacne.com

Roman Klonek
www.klonek.de
roman@klonek.de

Ladyfingers Letterpress

info@ladyfingersletterpress.com
www.ladyfingersletterpress.com

Landland
orders@landland.net
www.landland.net

Le Dernier Cri
dc@lederniercri.org
www.lederniercri.org

Les Tontons Racleurs
bonjour@lestontonsracleurs.be
www.lestontonsracleurs.be

Letterproeftuin
info@letterproeftuin.com
www.letterproeftuin.com

live from bklyn
dailey.crafton@gmail.com
www.livefrombklyn.com

Lubok Verlag
info@lubok.de
www.lubok.de

Magic Jelly
hello@magicjelly.com.au
www.magicjelly.com.au

Magma Press
andre@magmapress.nl
www.magmapress.nl

Mama's Sauce
numbers@mamas-sauce.com
www.mamas-sauce.com

Mattson Creative
ty@mattsoncreative.com
www.mattsoncreative.com

Mike McQuade
mike@mikemcquade.com
www.mikemcquade.com

Miller Creative
info@yaelmiller.com
www.yaelmiller.com

Nick Morley
nickbmorley@hotmail.com
www.nickmorley.co.uk

Jason Munn

jason@jasonmunn.com
www.jasonmunn.com

Neuarmy
ryan@neuarmy.com
www.neuarmy.com

Nobrow Press
info@nobrow.net
www.nobrow.net

Joshua Norton
jnortonprints@gmail.com
www.joshuanorton.net

Darrel Perkins
drlperkins@gmail.com
www.drlperkins.com

Peskimo
go@peskimo.com
www.peskimo.com

Helen Peyton
info@helenpeyton.com
www.helenpeyton.com

Physical Fiction
physicalfiction@gmail.com
www.physicalfiction.com

Port Hope Press
luke@thedesignfirm.ca
www.thedesignfirm.ca
www.porthopepress.com

Endi Poskovic
poskovic@umich.edu
www.endiposkovic.com

Power and Light Press
powerandlightpress@
yahoo.com
www.powerandlightpress.com
www.type-truck.com

Present and Correct
info@presentandcorrect.com
www.presentandcorrect.com

Press a Card
pressacard@yahoo.com
www.pressacard.com

Puck Studio

studio@puckstudio.co.uk
www.puckstudio.co.uk

Raw Color
info@rawcolor.nl
www.rawcolor.nl

**Scotty Reifsnyder,
Visual Adventurer**
scotty@seescotty.com
www.seescotty.com

Tom Rowe
hello@tweedtom.com
www.tweedtom.com

**Salih Kucukaga
Design Studio**
skucukaga@gmail.com
www.salihkucukaga.com

Laura Seaby
lauraseabydesign@gmail.
com
www.lauraseaby.co.uk

Sister Arrow
sisterarrow@gmail.com
www.sisterarrow.com
www.many-hands.com

Sonnenzimmer
info@sonnenzimmer.com
www.sonnenzimmer.com
www.home-tapes.com

Steady Print Co.
erik@steadyprintshop.com
www.steadyprintshop.com

Studio Arturo
Via Romanello da Forlì 25,
Rome
arturoom@gmail.com
www.studioarturo.com

Studio Mothership
info@kenborg.net
hello@studiomothership.com
www.kenborg.net
www.studiomothership.com

Studio on Fire
info@studioonfire.com
www.studioonfire.com
www.beastpieces.com

Gary Taxali
gary@garytaxali.com
www.garytaxali.com
www.taxalionline.com
www.taxalionline.com/blog

Telegramme Studio
bobby@telegramme.co.uk
www.telegramme.co.uk

John C Thurbin
john@johncthurbin.com
www.johncthurbin.com

Tind
propaganda@tind.gr
www.tind.gr
www.erato.gr

Ryan Todd
ryan@ryantodd.com
www.ryantodd.com

Tom Hingston Studio
info@hingston.net
www.hingston.net

Tugboat Printshop
tugboatprintshop@gmail.
com
www.tugboatprintshop.com

Two Arms Inc.
info@twoarmsinc.com
www.twoarmsinc.com

A Two Pipe Problem
stephen@atwopipeproblem.
com
www.atwopipeproblem.com

Vahalla Studios
info@vahallastudios.com
www.vahallastudios.com

Brad Vetter
bradvetterdesign@gmail.com
www.bradvetterdesign.com

We Three Club
hello@wethreeclub.com
www.wethreeclub.com

Whitespace
danielle@whitespace.hk

www.whitespace.hk

Spencer Wilson
spencer@spencerwilson.co.uk
www.spencerwilson.co.uk

Jamie Winder
info@jamiewinder.co.uk
www.jamiewinder.co.uk

Wolfbat Studios
wolfbatinfo@gmail.com
www.wolfbat.com

Woods & Weather
erik@woodsandweather.com
www.woodsandweather.com

Yoirene
birene.yo@gmail.com
yoirene.tumblr.com

索引

关于作者

致谢

首先，我要感谢世界上所有为本书作出贡献的工作室、设计师和印刷者。没有你们，我们无法创造出这本具有视觉美感的书。

感谢劳伦斯·金出版社（Laurence King）的每一个人，尤其是我的高级编辑乔迪·辛普森（Jodi Simpson）和编辑主任乔·莱特福特（Jo Lightfoot）对我的信任，最终使《懒人印刷术：当代手工印刷》一书成功问世。

特别鸣谢提供图像、文字、时间和宝贵专业经验的所有人："工艺流程简述"这一章中，松索勒斯（Sonsoles）印刷工作室的索尼（Soni）；在"丝网印刷"这一章中，托比·基恩（Toby Keane）摄影；在"凸活版印刷"这一章节中，巴尔的摩印刷工作室的凯尔·凡·霍恩（Kyle Van Horn）；在"凸版印刷"这一章节中，比尔·菲克（Bill Fick）、约翰·C. 舍宾（John C Thurbin）和恩迪·珀斯科维奇（Endi Poskovic）；以及普客工作室（Puck Studio）对于Gocco的专业知识贡献。

感谢杰尔夫·珀菲托（Geoff Povito），双臂公司（Two Arms Inc.）和凯伦·戈欣（Karen Goheen）对FLATSTOCK的非凡见解；感谢艾尔托诺和Equipo Plástico集团，以及基德·艾克尼（Kid Acne）、玛丽娜·沃耶兹坦耶（Marina Wajnsztejn）和戴维·庞特（David Ponte）所做的贡献和在Chicha及Lambe-Lambe方面的专业指导。

同时，我要感谢The Cranky Pressman的杰米·伯杰（Jamie Berger）富有远见、发人深省的前言。

当然，还必须要感谢永远支持我的家人和朋友，否则这本书无法成形，由于本书是关于印刷，因此这份感激之情必须由印刷字体来传达！

本书献给德布（Deb），感谢你始终如一的耐心和对我所做一切的支持。